Basic Knowledge of
Arboricultural Soil Science

樹木土壌学の基礎知識

Hori Taisai
堀 大才［著］

講談社

はじめに

筆者は子どもの頃から地面に穴を掘るのが好きで，よく自宅の庭で小さなスコップを使って穴を掘っていた。関東ローム層で形成された台地上の低地の湿地帯を埋め立てた場所に建っていた我が家の庭の土は，硬く締まって小砂利が多く混じり，深さ60 cmほども掘ると水が出てきて，わずかに腐敗したような臭気があった。また，近くにあった河岸段丘斜面の雑木林でもよく穴を掘って遊んだが，そこは上層がやわらかい黒い土で，深くなると次第に色が浅くなり，最後は赤褐色の土が出てきた。そして，小砂利はまったく出ず，水も出てこなかった。このような土が出る場所を赤土山と呼んでいたが，我が家の庭との違いが子ども心にも不思議でならなかった。

筆者が研究対象としての土壌に初めて接したのは50年以上前の学生時代である。林学科の卒業論文として「ブナ林の土壌動物」と題し，日本各地のブナ林の林床の有機物層を採取して，そこから，当時はあまり知られていなかったツルグレン装置を特注でつくってもらい，また吸虫管，ピンセットなどを使って，肉眼で識別できる範囲の土壌動物を可能な限り分離し，解剖顕微鏡で種の同定と個体数のカウントを行った。その頃はまだ土壌動物に関する研究事例は極めて少なく，参考文献もほとんどなかったので，種まで同定できるものはごくわずかしかなく，研究方法も今思えば極めて稚拙であったが，森林の土壌動物の多様性に驚嘆し，土壌学に深い興味をもつきっかけとなった。そして，土壌が極めて多様で複雑であり，土壌そのものが生きた生物であるといっても過言ではないほどに不可思議な世界であることを知り，一生の研究対象とするにふさわしい相手であると認識することができた。以来，土壌を専門的に研究してきたわけではないが，一時的な中断はあったものの，土壌とまったくかかわらない，という時期はほとんどなく，今日まで森林，公園緑地，社寺境内，砂漠化地域など，自然の土壌から人為的な土壌まで，土壌の世界に深くかかわってきた。

このたび，浅学非才の身でありながら「樹木土壌学の基礎知識」と題して土壌学の本を書く気持ちになったのは，筆者が長年，公園や環境緑地の土壌改良に携わってきて気づいたことを是非とも多くの人に伝え，人の目には見えにくい土壌の世界を少しでも理解していただきたいと思ったからである。

最後に，本書の出版にあたって何から何までご協力をいただき，生来の筆無精に加えて筆者の病気のために遅れに遅れた原稿を辛抱強く待ってくださった講談社サイエンティフィク編集部の堀恭子さんに深く感謝の意を表する。

2021年6月

堀 大才

[Contents]

Chapter 1

樹木土壌学の基礎知識

1.1 土壌とは

岩石は風化によって細かく砕かれ，岩石 → 礫 → 砂 → 微砂（シルト）の順に粒径が小さくなり，最終的には水中に長時間浮遊するが溶けてはいないコロイド状態となる。コロイド状態になるほどにまで小さくなった岩石の粒子を「粘土」という。粘土粒子の大きさの定義は立場によって異なるが，おおむね2～4 μm以下とされている。なお，一般的にコロイド粒子の大きさは0.1 μm以下とされているが，物質の種類によりその大きさは異なる。粘土の場合，0.1 μmよりも大きい粒子も水のなかで懸濁状態となって長時間浮遊している。しかし，岩石はいくら細かくなっても，そこに生物（有機物）が介在しなければ，物理的・化学的な変化は生じているものの岩石のままであり，生物の直接的・間接的影響を受けて初めて土壌といえる状態となる。言い換えれば，土壌は風化され細かく砕けた岩石と生物由来の有機物との相互作用によって形成された，地質とは異なる，生物と無生物の中間的な世界である。

土壌学を英語でsoil scienceというが，内容的には大きくpedologyとedaphologyに分けられる。両者は密接に関係しているが，pedologyは土壌の成因，断面形態（層位区分），構造・土性，化学成分などを自然科学的に調べて分類する学問であり，一方のedaphologyは植物の成長との関係を中心として土壌の肥沃度や改善方法を検討する応用土壌学（農業土壌学，森林土壌学，草地土壌学など）である。ちなみに，英語のsoilは，本来は土地を意味する言葉である。

1.2 土壌学のはじまり

近代的な土壌学は帝政ロシア時代の地理学者ドクチャーエフ（ラテン語表記はVasily Vassil'evitch Dokuchaev，1846〜1903）によって創始されたとされている。彼以前にも土壌をさまざまな観点から研究する土壌学の先駆者といえる研究者はたくさんいたが，ドクチャーエフは，地質の一部とみなされていた土壌を，鉱物と生物（植物，動物，微生物），さらに気象が相互に作用しあって生成された，地質とはまったく別の生きた世界であると主張し，その断面形態によって分類を試みた。それによって，近代土壌学の父と呼ばれている。

ドクチャーエフはロシアの大地の，特に草原土壌（主にチェルノーゼム。日本では小麦栽培の盛んな穀倉地帯として有名な「黒土地帯」として社会科で習う）を中心に，その断面形態を詳細に調べ，気候や植生と土壌断面の変化に深い関係のあることに気づいた。そして，気候や自然植生と関係の深い土壌型を成帯性土壌，気候や植生よりも基岩の種類や排水性などの影響を強く受けている土壌を成帯内性土壌，崩落，削剥，堆積などの影響により土壌の発達が極めて弱い土壌を非成帯性土壌と区分した。土壌断面の観察の際に層位を区分するとき，普通に行われているA層，B層，C層と記載する方法はドクチャーエフによってはじめられた。

日本の土壌学はドクチャーエフの流れをくむ学派（ソ連時代に大きく発展）の強い影響を受けている。

1.3 土壌の形成

岩石は風による細礫や砂の移動と衝突，雨滴，流水，波，氷河などによる物理的な力によって砕かれて次第に細粒化していくが，さらに気温の差によっても細かくなっていく。岩石は何種類かの鉱物の結晶粒子が無数に集合して形成された鉱物の集合体と，生物由来の有機物との相互作用によって形成されている。鉱物は種類によってその成分が大きく異なるが，主に石英，長石，雲母で構成されて

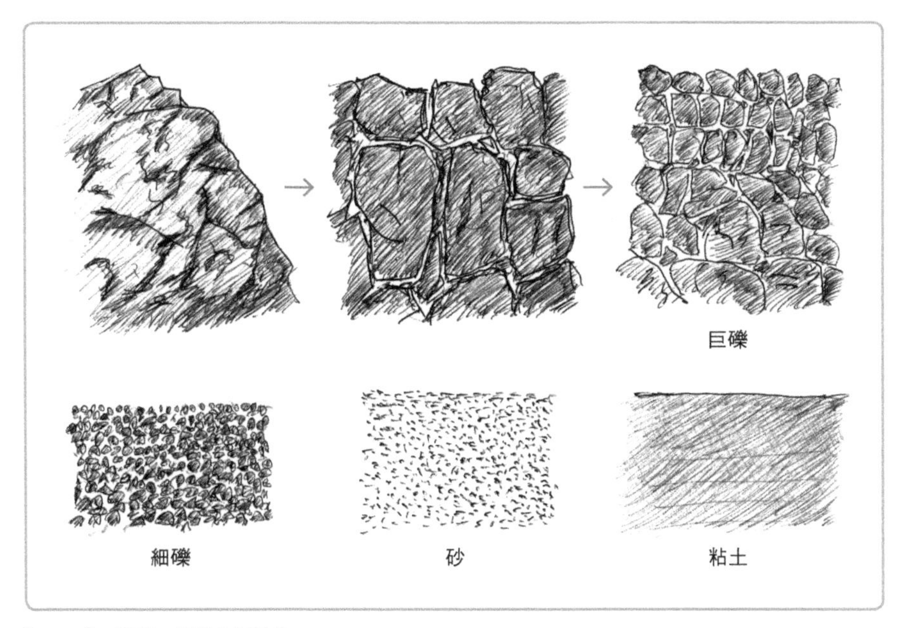

［図1-1］ **岩盤の風化と細粒化**

いる。結晶の種類によって膨張率などが異なるため，これらの結晶が大きく，気温差が大きいと次第に亀裂が生じる。

一般的なテキストには図1-1のように，岩盤が徐々に風化して細かく砕かれて細粒化し，そこに地衣類や蘚苔類が定着して有機物が生産され，さらに高等植物も侵入してきて砕かれた岩石中に根が侵入して，また腐植が供給されて土壌化が進行する，と描かれている。しかし，火山噴火により火山灰や熔岩が堆積した場所での植生回復と土壌化現象を観察すると，火山灰のように細かい砕流物か，熔岩が固まった硬い岩盤かによって状況は異なるものの，地衣類や蘚苔類の侵入を待たず，また土壌化の進行も待たずにススキやイタドリなどの高等植物が直接侵入して，速やかに植生が回復して，それに伴って土壌化進行の速度もかなり速くなるという現象がみられる。

自然による植生回復は周囲の森林や草地からの種子の飛来（風散布），鳥獣の糞（鳥散布）などによるが，植物から供給される落枝落葉と根系の発達によって，一般的に考えられているよりもかなり早く土壌化が進むと考えられる。それでも，土壌といえる状態になるには数百年はかかると考えられている。

1.4 土壌と土壌生物

土壌中には微生物（細菌，藍藻，菌類，粘菌，原生動物，線虫等），動物（昆虫，ダニ類，甲殻類，多足類，軟体動物，環形動物，哺乳類等），植物（藻類，蘚類，苔類，羊歯類，維管束植物等）など多様な生物が生活している。その種類数と個体数は膨大であるが，人間の目には見えにくい世界なので，その実態はまだ十分に解明されていない。しかし，これらの土壌生物は生態系および人間社会に極めて大きな影響を与えていると考えられる。

土壌の膨軟性は雨水の浸透能に極めて大きく影響し，土壌の保水力と深く関係しているが，膨軟性の獲得には土壌生物が極めて大きなはたらきをなしている。土壌微生物による有機物の分解（消化や発酵），土壌動物による有機物の分解（破砕や消化）と土壌粒子の攪拌混合（膨軟化），植物による有機物供給（落枝，落葉，倒伏等）と根系による貫通・穿孔と水分吸収（根の成長圧力による物理的破壊と，細根から分泌される根酸による化学的分解，根系の水分吸収と雨水浸透のくり返しなどの結果，土壌孔隙が徐々に増大する）などの作用が膨軟性を高めている。

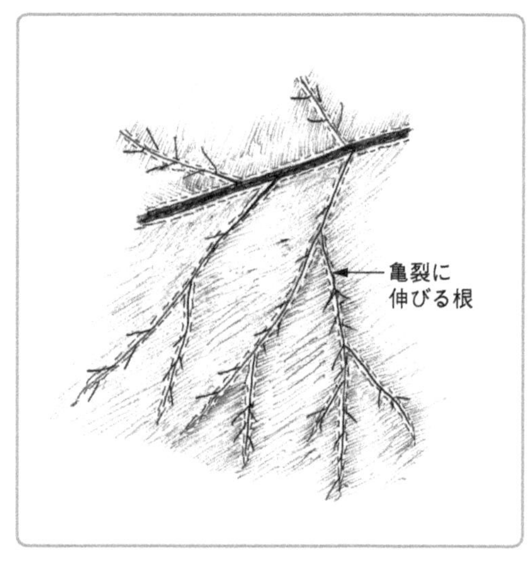

［図1−2］ **土壌中の亀裂の発達と根系の伸長**

根系による水分吸収と，根系を通じての樹幹流の水分供給は土壌に大きな乾湿変化を与え，その乾湿の変化によって土壌塊が膨潤と収縮をくり返して亀裂が増え，そこに生じた孔隙にさらに根が伸び，根はさらに水分を吸収して土壌を乾燥化させ，降水によって土壌は再度湿潤化する，ということをくり返しながら亀裂の拡大と数の増大はさらに進行し，土壌膨軟化は進行していく（図1-2）。腐植による土壌粒子の結合作用（糊付け作用）も大きなはたらきがある。

植物から供給される落枝落葉を主体とする有機物は，土壌動物や微生物の分解・発酵により，多くは二酸化炭素となって大気中に戻るが，一部は長期間安定した形態である耐久腐植に変わり，土壌粒子を結びつけて団粒構造化を促進する。

Chapter 2

地況，地形，地質と土壌の形成

2.1 地況と地形

土地の全体的あるいは部分的な形状を地形といい，地形に表層地質，土壌，植生，気温，降水量，土地利用などの情報を加えたものを地況という。地況はその土地の立地環境や作物の生産性などを検討する際の重要な基礎資料である。

地形は水平距離，等高線，標高，稜線・中腹・谷の別，斜面の方位・傾斜度，斜面形状（凸型の散水斜面，凹型の集水斜面，平衡な斜面（平衡斜面）の3つの基本形とその組み合わせ等で表現され，山地，丘陵，谷，断崖，台地，低平地，河川・湖沼，海岸などに分けられる。

1 山地

周囲の低平な地形面から突き出して高くなった地表部を山地という。日本ではおおむね標高300 m以上を山地としているが，厳密に決まっているわけではない。山地は火山作用，隆起，沈降，浸食，褶曲，断層などによって形成される。山地が脈状に連なっているものを山脈，塊状に集まったものを山塊，不規則に集まったものを山彙（さんい），山脈や山塊の集合体を山系という。高さによって，

- **低山**：おおむね標高1,000 m以下
- **中山**：1,000～3,000 m
- **高山**：おおむね3,000 m以上

に分けられる。

2 丘陵

丘陵とは標高が300 m程度以下の比較的なだらかな低山性山地であり，地質学的には100万年前から30万年前の比較的新しい地層で形成されているものが多い。なお，海外では1,000 m以下を丘陵としているところもあるようである。山地か丘陵かは相対的なものであり，標高の高い高原のようなところでは，目の前にある高原より少し高い山は丘陵となる。

3 台地

台地は地形学的には平坦な頂上面をもつ卓状の高地のことであり，地質学的には水平またはわずかな傾斜をもつ岩盤が広大な地域を占めている状態をいう。日本で台地とされているものの多くは洪積台地である。洪積台地はもともと洪水などで運ばれた土砂によって形成された平坦な沖積低地が，地形の隆起あるいは海面低下によって相対的に上昇し，その後，河川あるいは海の浸食作用を強く受けて河岸段丘や海岸段丘が形成され，浸食作用をほとんど受けなかった部分が，その後に形成された低平地と比べて高台となった状態である。ゆえに，一般的には水の便がよくないので，台地上の小河川の周囲を除き水田利用はなされず，植生は畑作地，草地，果樹園，樹林地となっていることが多い。

なお，洪積の名の由来は，バビロニア叙事詩や旧約聖書に出てくる「ノアの方舟(はこぶね)と大洪水」のときに堆積した地層と考えられたからである。

4 谷

谷地形は浸食谷，圏谷(けんこく)，構造谷に大別される。

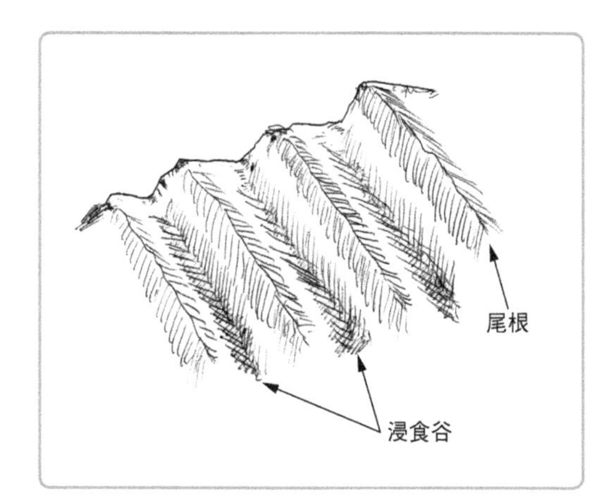

［図2-1］ **浸食谷**

浸食谷（V字谷といわれる）は山地や台地が水流浸食によって深く削られて形成されることが多い。日本でみられる浸食谷の多くは山地の稜線（尾根）が分水嶺となって降水が斜面を，稜線に対しておおむね直角方向に流下するときに浸食されてできた谷である（図2-1）。ゆえに稜線に対してほぼ直角に刻まれていることが多い。大きな浸食谷は稜線と稜線に挟まれて稜線とほぼ平行に流下していることが多い（図2-2）。

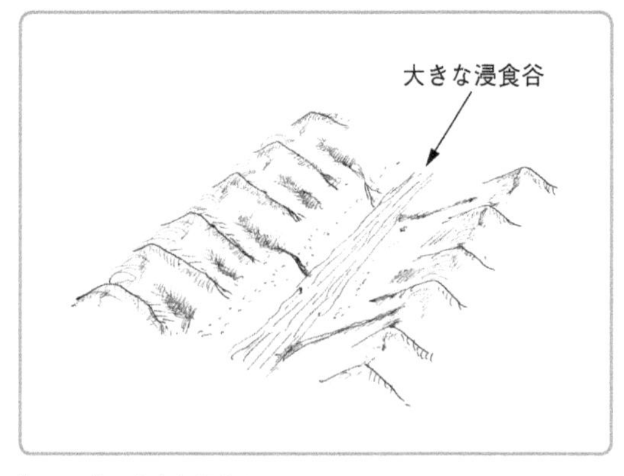

［図2-2］ **大きな浸食谷**

氷河が少しずつ移動することで形成された谷を圏谷（U字谷）という。なお，日本人にはドイツ語のカールkarのほうが一般的であろう。以前は日本には存在しないとされていたが，現在では北海道日高山脈や長野県・富山県の北アルプスなどにごく小規模なU字谷の存在が確認されている。圏谷の下端や側面には，氷河によって運ばれた土砂や岩石の堆積（モレーンmoraineあるいは氷堆積という）がみられる。

構造谷は断層，褶曲などの地殻変動で形成された谷をいい，中央構造線のように規模の大きなものが多い。

5 盆地

周囲を山地で囲まれた平坦な地形を盆地という。水が集まりやすいので水環境は豊かであるが，フェーン現象が生じやすく，晴天が多くまた夜間晴天のときには放射冷却が生じ，冷気が集まりやすいので，寒暖の差が大きい。緩やかな斜面の扇状地が多い。扇状地では河川は伏流水となっていることが多い。

ちなみに，空気塊が山の斜面を上昇するとき，空気塊中の水蒸気が冷却されて水滴（雲）が生じるまでは乾燥断熱減率：約1℃/100 mで気温が低下し，雲が生

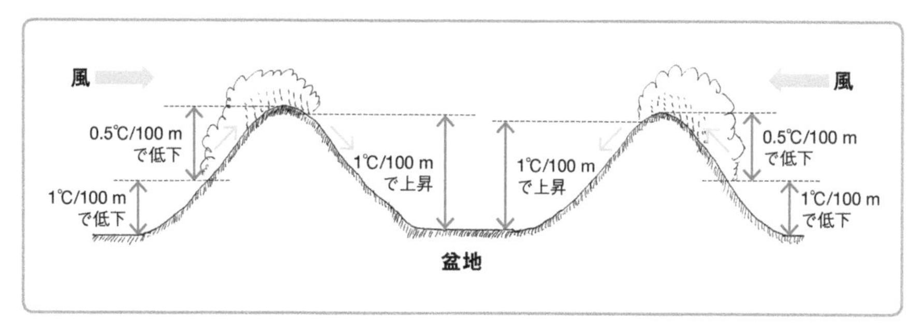

［図2–3］ **盆地におけるフェーン現象**

じるようになると湿潤断熱減率：約0.5℃ /100 mで気温が低下し，空気塊が山を越えて下降するときは，雲が急激になくなるので，麓までほぼ乾燥断熱減率：約1℃ /100 mで気温が上昇する。その結果，山を越える前と越えた後に大きな気温差が生じる。これがフェーン現象である（図2–3）。

Column 1

フェーン現象

フェーン現象は原理的には山を挟んだ風下側では通年起きるが，日本人がフェーン現象を意識するのは主に夏の日本海側の平野部での高温であろう。関東平野や道東など冬の太平洋側の平野部では北西風が山岳地帯を抜けて吹き下ろしてくるので，当然フェーン現象は生じているが，気温が上昇したといってもかなりの寒い風であり，さらに晴天のために夜間の放射冷却が著しくて朝方の冷えこみが強く，時折太平洋側から南風が吹くときのほうがはるかに暖かいので，フェーン現象とは認識していない。

6 扇状地

丘陵地や山地を流れてきた河川の土砂が平野部の谷の出口に堆積し，扇形に広がり中央がやや盛り上がった地形をつくる。谷の出口に近いところや中央部には粒径が大きく，遠いところには粒径の小さな土砂が堆積する。その結果，扇状地の中央部には水はけのよい土地が形成され，果樹園などに利用されることが多いが，水田には向かない。

7 沖積地

河川によって運ばれてきた土砂の堆積によって形成される，地質年代的には極めて新しい平坦地である。河川の両脇には，洪水時に上流から運ばれてきた土砂のうち，粒径の大きな砂やシルトが堆積して自然堤防（微高地）を形成し，その後背地（河川から離れた場所）には粒径の小さな粘土が堆積して水はけの不良な後背湿地が広がる（図2–4）。

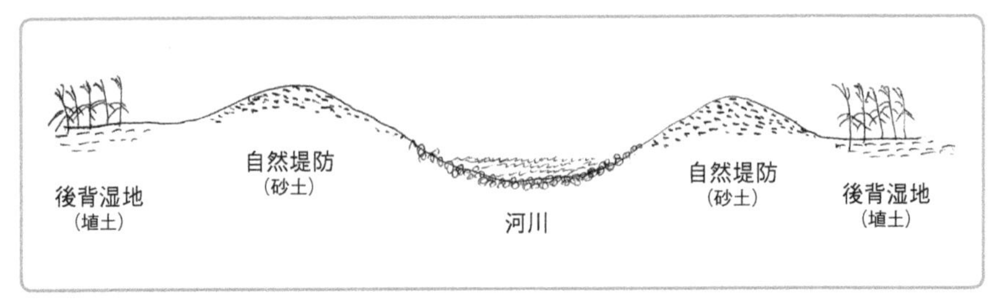

［図2–4］ **河川中・下流域の自然堤防と氾濫原の後背湿地**

8 段丘

河川の流れや海の波浪による削剥（開析）と土地の隆起あるいは海面の後退によって階段状の傾斜地が形成される。河川の場合を河岸段丘，海岸の場合を海岸

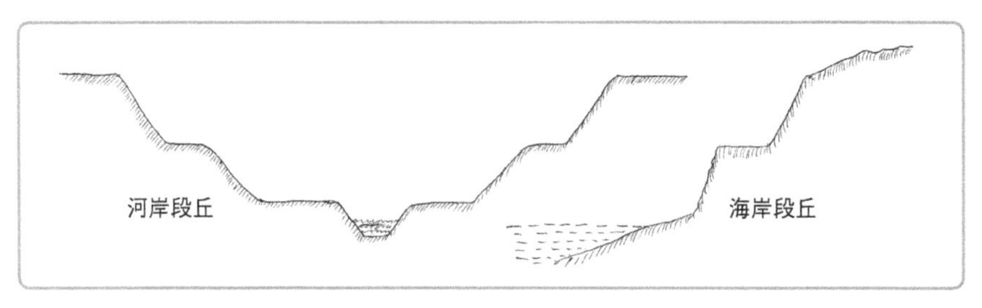

［図2–5］ **河岸段丘と海岸段丘**

段丘という。河岸段丘は台地を流れる河川の両岸にしばしばみられる（図2–5）。

9 稜線

山地の背を稜線，あるいは尾根という。稜線は分水嶺となり，また稜線を境に気象が大きく変化することが多く，土壌や植生が異なることも珍しくない。東西に伸びる稜線の場合，北面と南面では日照りや風当たりがまったく異なるので，生育する植物が異なることが多い。また，土地の地温や凍結，積雪状態も異なるので，土壌伝染性の病気の種類や発生頻度も異なることがある。

10 断崖

急角度の斜面を断崖あるいは崖という。樹木は単木としては存在可能だが，土壌が安定しないので樹林は成立しにくく，落石が頻発する断崖では，単木としても存在が難しい。断崖に生育する樹木は岩盤の間の亀裂に根を伸ばしている。

11 斜面

土地が傾斜している場合，その部分を斜面という。斜面は基本的に凸型斜面，凹型斜面，平衡斜面の3つの基本形に分けられ，また斜面を流れ下る降水の状態によって集水斜面，散水斜面，平衡斜面の3つに分けられる。しかし，実際の斜面はかなり複雑で起伏に富んでいることが多い。斜面はその方位によって日中の気温が異なり，北半球では南向き斜面の日中は暖かいので雪は早く解け，北向き斜面は日中でも寒いので，雪は遅くまで残る。

- **凸型斜面**：上昇斜面ともいい，重力浸食に対する抵抗性の大きい地質で発達しやすく，土壌は残積性の乾燥型が発達しやすい。
- **凹型斜面**：下降斜面ともいい，傾斜度は斜面下部ほど緩やかになる。斜面下部には上部から落下堆積した土砂からなる崩積土が発達し，豪雨で土石流が発生しやすい。
- **平衡斜面**：斜面の上部より下部のほうが湿性条件となっている。下部には適潤性から湿性の崩積土が発達するが，堆積の厚さはあまり厚くない。

12 埋立地・干拓地など

人工的に造成された土地で，水面を浚渫土砂や建設残土で埋める埋立地，遠浅の海を堤防等で遮断して水を抜き陸地化する干拓地，丘陵地を切り土や盛り土で平坦に造成する丘陵造成地などがある。

2.2 地形をつくる要因

1 断層

断層は地層あるいは岩盤に強い力が加わって割れ，その裂け目に沿って地層あるいは岩盤がずれ動いた状態をいう。基本的に正断層，逆断層，横ずれ断層の3つ（図2-6）に分けられる。

活断層とはごく最近まで（地質学的には新生代第四紀）地殻運動をくり返し，現在は動いていなくとも今後活動する可能性のある断層をいう。大きな断層は谷と尾根を形成することがある。実際のところ，活断層かすでに活動していない死んだ断層かの区別は難しい。大規模な断層はプレートの衝突，沈み込みなどにより溜まったひずみで生じる。

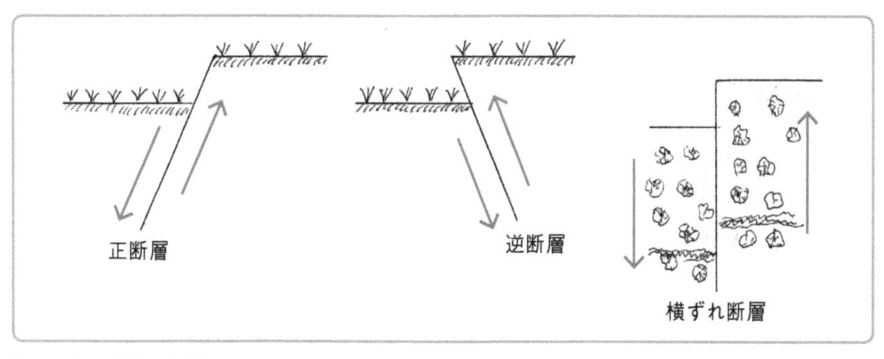

［図2-6］ **断層の種類**

2 斜面崩壊

斜面上の土壌と表層地質の一部が，おおむね地表から深さ0.5～2 mの範囲で崩壊する現象を表層崩壊といい，それ以上の深さで崩壊するときを深層崩壊と区別しているが，分野により深さの基準が異なり，土木関係では5 mより浅いものを表層崩壊，それより深いものを深層崩壊としている。

3 地滑り

地滑りは斜面崩壊の一種である。不透水層が樹木の根系発達部分より深いところにあって，大量の降水によって不透水層の上に厚い水の層ができ，摩擦抵抗が減少してその部分が滑り面となって斜面全体が滑り落ちる現象（図2-7）であり，地質構造と深い関係

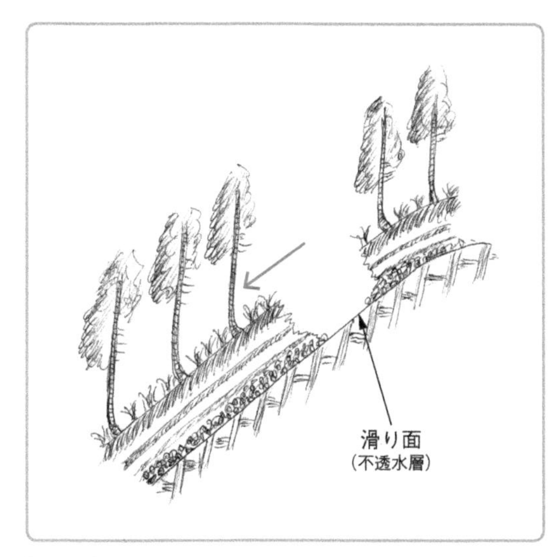

［図2-7］ **地滑り**

がある。その場所が地滑り地帯か否かは，表層地質，斜面下部の湧水の有無，生育している樹木の種類や形状，林道に生じる亀裂，植生等から総合的に判断することが可能であり，しばしば事前に発生が予測されて映像化されている。地滑り斜面は水分条件が豊かで土壌空気中の酸素も豊富なので，スギ植林の一等地であることが多い。

4 深層崩壊

山地の深い層に硬い岩盤などがあって不透水層となっているとき，集中豪雨などで大量の雨が降り，その不透水層の上面に水が過度に溜まり，大きな浮力を生じさせて不透水層より上面の岩盤や地層が一気に斜面を落下し山体が崩壊する現象をいう。台湾南部高雄県の小林村（現在の高雄市小林里）で，2009年8月，台風8号の集中豪雨で発生した大規模な深層崩壊被害は500名ほどの犠牲者を出したと推定されている。山体崩壊ということもあるが，山体崩壊という用語は火山の噴火，地震などで脆弱な山地の一部の地層が崩れ落ちる，岩屑なだれ現象をさすことがある。

5 土石流

集中豪雨などで大量に降った雨水が谷に集中し，斜面から崩落した土砂とともに一挙に谷底を流れ下る現象で，谷の植生を破壊することが多い。土石流で流された流木はダム湖や砂防堰堤を埋めたり，河川の橋脚や橋桁に引っかかって洪水の原因のひとつになったりすることがある。頻繁に土石流が発生する谷では，シラカンバ，ヤマナラシ，ヤマハンノキなどの早生陽樹の落葉広葉樹で構成される明るい林分がみられることが多い。

6 土壌浸食

(1) 風食

風食とは強風により地表面の粒径の小さな土壌粒子が飛ばされてシート浸食（薄皮を剥ぐような地表の浸食）を受けることである。植生が破壊されて裸地化した場所や畑作物を収穫した後に風食が激しい。ユーラシア大陸内陸の乾燥地帯で，植物が芽生える前の冬季や早春に表土の細かな粒子が強風により空中高く舞い上がり（中国では風沙といっている），海を越えて運ばれてきた微小な粘土やシルトが黄砂である。11月から3月頃までの乾期に，サハラ砂漠で舞い上がった微小な粘土やシルトが遠く中南米や北米にまで運ばれることもある。この砂嵐をハルマッタンという。強風で地表近くを転がるように移動する砂礫が，砂礫どうしあるいは他の物体と衝突して砕け，高く舞い上がりやすくなることが関係している。

(2) 水食

雨滴の衝撃や表面流去水により，主に斜面の地表土壌が削剥される。シート浸食，ガリ浸食（雨裂浸食），リル浸食（細溝浸食）などに分けられる（図2-8）が，実際の斜面ではこれらの3つの浸食が複合的に生じている。

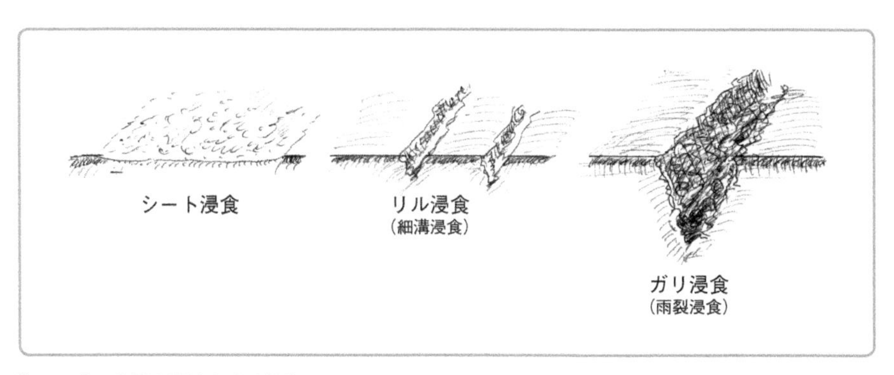

［図2-8］ **土壌の雨水による浸食**

(3) 崩落

斜面上の表土や岩石が重力によって崩壊落下する現象をいう。

(4) 堆積

浸食，崩落によって運ばれてきた土壌粒子や砂礫が積み上がる現象であるが，一般的に浸食場所から遠い場所ほど細かな粒子が堆積する。

2.3 地質・岩石

1 地質

地質とは，最表層の土壌を除く，地殻を構成する岩石や地層の性質，構造などをいう。成因，年代，硬さ，含有成分などで区分される。表層地質図で表され，表層地質は垂直的には深さ数十mまでの地層で，地質断面図で表されるが，植物の成長に直接的に影響を及ぼすのは深さ数mまでの範囲のごく表層の地質である。

2 表層地質

地表近くの浅い層の地質を表層地質という。どこまでの深さかは定義されていないが，地表から数十mまでの範囲を示していることが多い。表層地質はまず固結と未固結で区分され，未固結の場合は泥（粘土），砂，礫のいずれであるかを示し，固結の場合は岩石の種類を示す。表層地質は土壌の形成と性質に極めて大きな影響を与えている。たとえば，母材となる岩石が酸性岩の場合，土壌は比較的やせて作物の生産性が低くなり，塩基性岩（アルカリ岩）の場合は肥沃な土壌となる傾向があるので，植物の成長にも極めて大きな影響を与えている。ちなみに，火成岩中のケイ酸（二酸化ケイ素（シリカ）SiO_2）が重量比で66％以上含まれる岩石を酸性岩，52～66％未満を中性岩，42～52％未満を塩基性岩という。なお，岩石の酸性岩，アルカリ岩は水や土壌の酸性，アルカリ性とは直接的な関係はない。

3 石灰岩

石灰岩は主に珊瑚，貝などの生物の化石で形成された岩石である。石灰岩の主成分は炭酸カルシウムであるが，そこに塩酸をかけると次のような反応を起こす。

$$CaCO_3 + 2HCl \rightarrow CaCl_2 + H_2CO_3 \qquad H_2CO_3 \rightarrow H_2O + CO_2$$

二酸化炭素は気体なので発泡し，また水が生じるので溶解したようにみえる。石灰岩台地や石灰岩の山には特有の植物相がみられる。

4 火成岩

火成岩は，マグマが火山から地表に噴出して急激に冷却されて固まった火山岩，地表に近い比較的浅いところで固まった半深成岩，地表から深いところで徐々に冷えて固まった深成岩の3つに大別される。火成岩に限らず，ほとんどの岩石の主成分はケイ酸（二酸化ケイ素 SiO_2）である。これにアルミニウム，鉄，マグネシウム，カルシウム，ナトリウムなどの成分の比率や結晶化の程度が複雑に絡み合って多様な岩石が形成される。

(1) 火山岩と火山灰

火山岩は冷却固化するまでの時間が短いので，深成岩と異なり結晶は発達しない。火山岩が細かく割れて小礫，砂，シルトなどの大きさになって噴出し降下したものを火山灰という。火山灰の性質はもとのマグマの性質に大きく依存するが，大きく分けて流紋岩のような酸性岩のマグマが起源のもの，安山岩のような中性岩のマグマが起源のもの，玄武岩のような塩基性岩のマグマが起源のものがあり，それによって岩石の性質が異なり，形成される土壌の性質も異なる。一般的には酸性岩由来の土壌はやせていて，塩基性岩由来の土壌は肥沃とされている。ただし，同じ火山からの噴出物であっても時代によってマグマの性質が異なることがあり，噴出物の性質も異なることがある。

(2) 深成岩

マグマが地下深いところでゆっくりと冷却され固結化した岩石で，大きな結晶が形成される。結晶は種類によって熱膨張率が異なるので，深成岩が地表に現れると寒暖の差と直射光の熱により物理的風化を受けやすい。深成岩の風化によって形成される未熟土は粗粒質となりやすい。酸性マグマ起源の花崗岩，中性マグマ起源の閃緑岩，塩基性マグマ起源の斑糲岩(はんれいがん)に大別される。

5 変成岩

高温，高圧などを受けて岩石が変質する作用を変成作用という。変成岩は変成作用によって組織や鉱物の一部または全部が変質した岩石をいう。地殻変動によって岩石が地下深くに押し込まれたり捻じ曲げられたりして強い圧力を受け，また高温にさらされて岩石の組成が変化したり新しい鉱石ができたりする。特に火成岩マグマの貫入を受けると，温度や圧力の変化によって新しい鉱物や組織が生じる。変成岩には粘板岩（スレート），結晶片岩，角閃岩，片麻岩，グラニュライト（白粒岩），エクロジャイト（榴輝岩(りゅうきがん)），ホルンヘルス，大理石，スカルンなどの種類がある。

6 堆積岩

堆積作用によって積み重なった粘土，シルト，砂，礫などが，堆積物がさらに重なることによって上からの強い圧密を受けて固まって形成された岩石である。水成岩と風成岩に分けられる。堆積物の粒径によって泥岩（粘土岩），シルト岩，砂岩，礫岩に分けられる。比較的新しい堆積物はやわらかい半固結状態であることが多い。頁岩(けつがん)は粘土岩が強い圧密を受けて薄く剥がれるような状態に固結した岩石である。往々にして化石を含んでいる。チャートは，珪藻や放散虫などのケイ酸を大量に含む海洋性プランクトンの遺骸が堆積し固結した岩石であり，大洋底の海洋プレート上で形成される。

2.4 地質と土壌の形成

土壌の母材となる岩石は火成岩，堆積岩，変成岩の3つに分けられ，火成岩はマグマが深い所で徐々に冷えて固まった深成岩，噴火によって急激に冷えて固まった火山岩，その中間の半深成岩に分けられ，堆積岩は水成岩と風成岩に分けられ，変成岩は接触変成岩，広域変成岩，動力変成岩の3つに分けられる。

1 火山岩と土壌

火山岩は急激に冷えて固まっているので結晶が発達せず，水蒸気やガスが抜けた後が空隙となっている。代表的な例が軽石（パミス）である。深成岩は徐々に冷えて固まっていくなかで結晶構造が発達するが，空隙はほとんどなく固い岩石となっている。それぞれケイ酸（SiO_2）の重量比率によって次のように分類され，風化後に形成される土壌の性質もかなり異なる。

- **酸性岩**：66％以上，平均70％前後。深：花崗岩，半：花崗斑岩，火：流紋岩
- **中性岩**：52～66％，平均60％前後。深：閃緑岩，半：玢岩，火：安山岩
- **塩基性岩**：45～52％，平均50％前後。深：斑糲岩，半：輝緑岩，火：玄武岩
- **超塩基性岩**：45％以下，平均40％前後。深：橄欖岩

2 堆積岩と土壌

堆積岩は主な母材となった岩石の風化の程度によって次のように分類される。

- **砕屑性堆積岩**

  細粒：頁岩，泥岩（粘土岩）

  中粒：シルト岩，砂岩

  粗粒：礫岩

- **化学的−生物的堆積岩**

  炭酸塩が主体：石灰岩，苦灰岩（ドロマイト）

  ケイ酸質：珪岩（チャート）

鉄・アルミナ質：ボーキサイト
水溶性塩類：岩塩
炭素質：石炭

- **火山性堆積岩**

細粒：凝灰質泥岩（火山灰由来）
中粒：凝灰質砂岩（火山灰由来）
粗粒：火山円礫岩

3 変成岩と土壌

変成岩は次のように大別される。これらの岩石は構成成分などによってさらに細分されるが，岩石の化学成分，風化のしやすさと程度，地形的な位置などによってその上に生成される土壌形態が異なり，植物の成長にも大きな影響を与える。たとえば石灰岩や蛇紋岩（橄欖岩などが変成作用を受けて生じる）のような超塩基性岩が分布する地域では，土壌がアルカリ化しやすいために分布する植物もほかの地域ではみられない特有のものが存在する。

(1) 広域変成岩

地向斜堆積物が地下深部に埋没して高温高圧になった後に造山運動によって変形運動を受けて生じる。一般に泥質岩起源の広域変成岩は変成温度が高くなって再結晶作用が進むに連れて，粘板岩 → 千枚岩 → 片岩 → 片麻岩の順に組織が変化する。

- **片麻岩**：中粒から粗粒で花崗岩に似ている。片麻状（縞状）構造をもつ。黒雲母片麻岩，眼球片麻岩などがある。
- **結晶片岩**：片理（針状・柱状・板状に，鉱物が一定方向に配列する岩石構造）がよく発達している。広域変成岩のなかでは最も普通にみられる。
- **千枚岩**：細粒で片理状の結晶組織をもつ。変成の程度は片岩と次の粘板岩との中間的状態を示す。
- **粘板岩**：細粒で劈開（へきかい）（結晶が特定の平面に平行に割れる性質）が発達している。

(2) 接触変成岩

熱変成岩ともいう。火成岩をつくる高温のマグマが貫入してきたときに，その熱によって周囲の岩石が変化を受けて生じる。

- **ホルンフェルス**：細粒ないし中粒の等粒状組織を有し，片理や劈開をもたない無方向性の変成岩の総称である。泥質堆積岩が接触変成作用（貫入岩からの熱によって，これと接する岩石を異なる性質をもつ岩石に変える作用をいう）を受けることによってできることが多い。黒雲母を多量に含むことが多い。
- **大理石**：石灰岩が接触変成作用を受けてできる。

(3) 動力変成岩

主に機械的な圧砕作用によってできる変成岩である。

- **圧砕岩**：マイロナイトともいう。高い封圧のもとで岩石の構成鉱物が細かく破砕されて形成される凝集性の強い変成岩である。

Column 2

大理石

大理石は中国雲南省西部の大理府で産出されたことからこの名がある。大理石は石灰岩が接触変成作用を受けて再結晶し，粗粒な方解石や苦灰石（ドロマイト）の結晶の集合体となった岩石であり，純粋な石灰岩や炭酸カルシウムからなる場合は白色であるが，含まれる物質の種類によって多様な色を呈する。しばしば海洋生物の化石が含まれているので，大理石でつくられた建築物を対象に化石の研究をしている人もいる。雨の少ない地域では極めて優れた建築材や彫刻材となるが，ヨーロッパでは一時期，酸性雨により野外彫刻が溶けてしまうのではないかと心配されたことがある。

2.5 岩石・地形と樹木の生育

1 岩石と樹木の生育

土壌の母材となる岩石の種類によって，形成される土壌は大きな影響を受け，そこに生育する植物の成長にも大きな影響を与えるが，岩盤の亀裂状態や岩石の割れ方（節理という）によっても樹木の成長状態は大きく異なってくる。岩盤の亀裂が深く水が岩盤のなかに浸透する状態であれば根は亀裂のなかを深く伸びていき，旺盛な成長を示すが，岩盤に亀裂が少ないと根系は土壌と岩盤の境目を横に這うようになり，岩盤にかぶさる土壌が浅い場合は，根系も皿鉢のように浅くなって樹木の成長も極めて遅くなる。立地条件のよい場所では樹高30 m以上にもなるシイ類，カシ類，ナラ類などのブナ科樹木も，このような立地では20 m程度あるいはそれ以下にしかならないことがある。

岩盤の岩石の成分によっても成長量は異なってくる。カリウム，マグネシウム，カルシウムなどの栄養塩類となるアルカリ金属やアルカリ土金属の少ない岩石，たとえば代表的な酸性岩である花崗岩の風化土（通称マサ）に生育する樹木はおおむね成長が遅く，樹高が低いが，代表的アルカリ岩である玄武岩や火山灰の風化土に成長する樹木はおおむね成長がよい。

ある谷の一方の斜面では水がよく湧き出しているが，その反対側斜面ではまったく湧き出していない，ということがしばしば観察され，そのような場合は樹木の成長状態や植生状態も異なっていることが多い。地層の傾斜方向と傾斜度が地下水の流れる方向を決めている（図2-9）からであり，樹木の成長の良し悪しを判断する場合においても重要な因子である。

2 地形と樹木の生育

ひとつの山でも標高の高い場所と低い場所とでは気温，降水量，風速，雲（霧）の発生量などの気象条件や土壌条件が異なるので，樹木の成長や分布は標高によって異なってくる。また，北向き斜面か南向き斜面かなどの傾斜面の向き

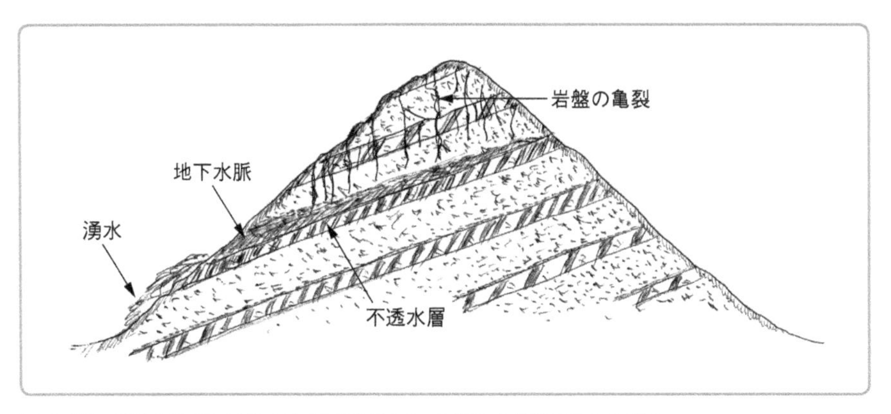

［図2−9］　**地層の亀裂と傾斜方向（走向）による，左側の山腹斜面からの湧水**

によっても，日照時間や土壌の乾燥状態，季節別の風向や強さ，凍霜害の発生頻度，積雪期間などが異なる。さらに傾斜度や尾根・中腹・谷の別によっても日照時間，風速，水湿状態が異なる。これらの差異が生育する植物の種類や成長状態の差異に結びつく。よく晴れた風のない日の夜間の放射冷却による冷気のよどみ状態は，谷か中腹かによって異なる。また傾斜のない平坦地形やわずかな窪地でも水湿状態が高くなり，放射冷却による冷気が滞留しやすくなる。道路や鉄道の建設で土手が築かれると，土手の両脇，傾斜地であれば土手の山側が窪地と同様の地形状況になり，晴天無風の夜間に冷気が滞留する。冷気の滞留が晩秋あるいは早春に起きると霜害が発生しやすくなる。柑橘（かんきつ）類やチャノキの栽培の北限地域付近では，窪地や谷間での栽培が困難で南向きの中腹斜面のみが可能，ということがしばしばあるが，これは谷間が霜溜りとなりやすいためである。

わずかな高低差や傾斜などの微地形も樹木の生育に大きな影響を与える。晴天無風の夜間，窪地には冷気が集まりやすいが，まだあまり寒くならない季節における放射冷却のときには，窪地に滞留した部分で結露し，そのときの気化熱の放出によってその空気が暖められて上昇し，そこに周囲の冷気が入ってきて同様に結露して上昇する，ということをくり返すと，一晩のうちにかなりの水が穴の底に供給されることになる。アフリカの砂漠化地域で，植林する際に円形や半月型のすり鉢状窪み，あるいは等高線沿いに溝を掘ってその底に植樹をする（図2−

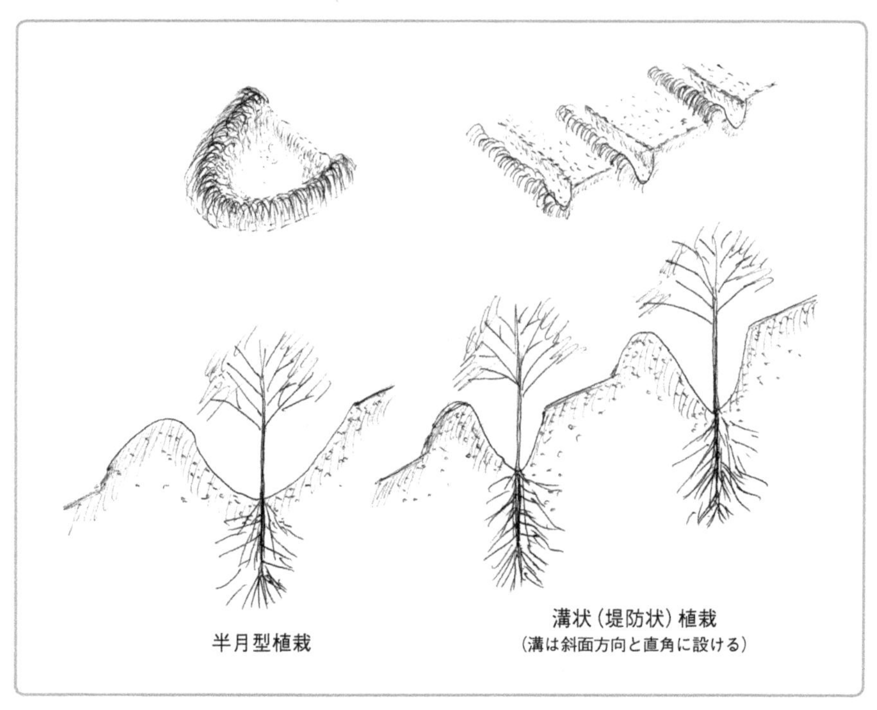

［図2-10］ **砂漠化地域での植林法**

10）のは，このようなことも理由のひとつである。

寒冷な地域の湖沼の周辺に生育している樹木で観察されることであるが，春の芽出し時期が湖沼水面からの高さによって異なり，高いところのほうが早く芽吹き，湖畔に生育しているほうが遅い傾向がうかがえる。それは土壌中の水分濃度と関係し，水辺よりも高所のほうが水分含有量が少なく，よって早春の地温上昇が早く，根系の活動が早く開始されるためと考えられる。

標高は植物の生育に大きな影響を与えるが，標高による森林帯区分はおおむね次のようになっている。

⑴ 高山低木林

尾根筋に近いハイマツ林，表層土砂の崩落や雪崩の頻発する場所のダケカンバ林やシラカンバ林，富士山のカラマツ低木林などがあり，山岳地域の多雪地には

Column 3

アフリカの乾燥地での植林法

西アフリカのサヘルなどの乾燥した地域では，上からみると半月型の穴を砂地に掘り，その底に苗木をかなり深植えになるように植える。この方法をフランス語でDemi Lune（デミ リューン）（半月）という。夜間の無風・晴天で強い放射冷却現象が生じているときには，穴の底に冷気が溜り，結露してわずかながらも根に水を供給する。また斜面では上方から流れてきた砂が穴に溜まり，苗木はさらに深植え状態になり，乾燥に強くなる。半月型ではなく深さ50 cm程度の長い溝を等高線に沿って数列掘り，掘った砂礫を溝の脇に土手状に積み上げる大規模な方法もある。この方法をフランス語でBanque（バンク）といっている。

［写真2-1］ **エチオピアの山地における，石で囲われた半月型植え穴**

［写真2-2］ **ニジェールの乾燥地で造成中のバンク**

ミヤマナラ低木林やキャラボク低木林が存在する。このような低木林は，標高が低くても風衝地には時折みられる。

(2) 亜高山針葉樹林

トウヒ類，モミ類（北海道ではエゾマツ，アカエゾマツ，トドマツ，本州以南ではトウヒ類，オオシラビソ，シラビソ，ウラジロモミなど）が優占する常緑の針葉樹林であるが，本州，四国，九州の乾燥しやすい地域ではアカマツが混交し，本州中部では落葉性のカラマツが混交したり，ときには純林を形成したりする。

(3) 山地林

日本ではブナ林，ミズナラ林などの冷温帯落葉広葉樹林帯に対応するが，スギ，ヒノキの人工林となっているところも多い。

(4) 低山林，平地林

温暖な気候条件ではカシ類，シイ類などの照葉樹が優占する常緑広葉樹林（照葉樹林）が発達する。人為的な影響の強い土地では，コナラ・クヌギ林，シデ林，スギ・ヒノキ林などになっている。いわゆる里山である。

(5) 河畔林・沼沢林

時折の洪水で植生が安定しない河畔ではヤナギ類が優占し，常時湿性条件が続く土地ではハンノキが優占する湿地林が発達することがある。しかし，常時湿性条件で人為的な影響が強いと，樹林とならずにアシ原となることが多い。昔から藁葺（わらぶ）き屋根などの資材供給の場となっていたアシ原は樹林にはならず，湿生草原が永く続く。ケヤキは公園緑地では非常によく使われ，通気透水性のあまりよくない人工的な土壌環境にも耐えて生育する樹種である。天然には時折洪水や土石流で撹乱される渓畔林にしばしば自生している。

(6) 海岸林

強い潮風の影響を常時受けるので，耐塩性の強い植物が優占する。特に砂丘では，飛砂の衝撃によって茎葉が傷つき，その傷から塩分が植物体内に入り，塩害が発生する。よって厚いクチクラ層や毛状突起によって飛砂の衝撃に耐性をもつ樹木が汀線最前線で樹林を構成する。北海道ではカシワ・ミズナラ林とアカエゾマツ林，本州の東北地方北部にはアカマツ林と人工的なクロマツ林がある。東北地方中部以南にはシイ・タブなどの照葉樹林と人工的なクロマツ林がある。南西諸島にはタコノキやマングローブ類とリュウキュウマツ・シマナンヨウスギ・モクマオウなどの人工林がある。

Chapter 3

土壌の分類

3.1　土壌と樹木の生育

土壌は気候，気象，地形，地質，植生，土壌動物，土壌微生物などが複雑な相互関係のもとに，長時間かけてその地域・地点それぞれに特有の土壌が形成される。したがって，異なった地域でまったく同じ土壌が形成されることはないが，環境条件，特に気候条件が似ていると似たような土壌が形成されやすいので，類型的な区分が可能となる。そして形成される土壌型やその厚さによって植物の生育状態も異なってくる。

日本の土壌分類については後述するが，一般にポドソル土は酸性が強くやせていて樹木の成長が遅い傾向があり，トウヒ類，モミ類の針葉樹林で発達しやすいとされている。日本では，ポドソル土は落枝落葉が分解しにくく腐植化に時間のかかる，北海道の山地のエゾマツ，トドマツの針葉樹林の土壌で典型的なものがみられる。広葉樹林と針葉樹林という林相の違い，すなわち腐植の性質の違いが土壌にも強い影響を与えている例である。

風が強く水はけのよい尾根筋の乾燥しやすい条件で発達する乾性褐色森林土では，アカマツなど乾燥に対する抵抗性の高い樹種が適しているとされている。スギよりは耐乾性が強いがアカマツほどではないヒノキは弱乾性褐色森林土から適潤性褐色森林土偏乾亜型に植林するのが適しており，水分要求量の多いスギは適潤性〜弱湿性褐色森林土が適地とされている。

クスノキやケヤキのように水分要求量の多い広葉樹は沖積低地のやや地盤が盛り上がった自然堤防上の土壌で極めてよい成長を示すことが観察されている。オーストラリア大陸のやや乾燥した地域に多く分布しているが意外にも水分要求量の大きいユーカリ類や，ネパールからアフガニスタンの乾燥した山岳地帯の水はけのよい谷に分布するヒマラヤスギの場合は，過湿であると根系が発達せずに，台風などの強風に対して脆弱となり，しばしば幹折れや根返り倒伏を起こす。このような樹種は，水田地帯や谷部のような浅い根系となりやすいところよりも，洪積台地のような土層が深くて根系が深く発達し，簡単には根返り倒伏しないところで巨大な木が育っている。

Column 4

ユーカリ造林

アフリカの乾燥，半乾燥地域では薪や薬を得るために，オーストラリア原産のユーカリが大面積で植林されている。ユーカリは成長が極めて旺盛で根からの水分吸収量が極めて多く，湿地帯に植林して湿地帯の水位を下げてマラリア蚊の繁殖を抑制することも植林目的のひとつとなっている。乾燥に強いといっても水分要求量は多く，伏流水があって比較的地下水位が高く，土壌水分量の多いワジに沿った部分に向いた樹種である。筆者はニジェール共和国の首都ニアメの近郊のニジェール川沿いにある，世銀の融資でつくられた植林地をみたことがあるが，ニジェール川の灌漑水を散布しながらの育林であったため，プロジェクト期間が終わり，灌漑設備が壊れて誰も修理をしない状態になった途端，衰退がはじまっていた。

日本でも昭和30年代にユーカリが盛んに造林されたことがある。早期育成林業と称して成長の早い多様な樹種が試験植栽され，ユーカリ類も紙パルプ資源の確保を目的として関東地方以西の各地で植林された。しかし，ユーカリは台風や降雪に弱く，幹折れや枝折れが頻発した。台風襲来時には根返り倒伏するものが相次いだが，根返り倒伏が多発したところは山間地の土壌が極めて浅く，したがって根系も浅い状態であった。厚い関東ローム層の台地では，枝折れは多発したものの，倒伏はあまり生じなかったので，今でも大木となったユーカリがところどころに生育している。

［写真3-1］ ニジェール川の灌漑水を利用したユーカリ造林

3.2 土壌と母材

土壌生成作用により形成された土壌層が発達するときの材料となった非固結物（主に砂や細礫であるが，それればかりではなくかなり大きな礫も含む）で，多少とも化学的な風化を受けている鉱物で構成される層をC層といい，残置性土壌の母材となる。母材はおおむね次のように区分される。

- **非固結火成岩**：火山岩・火山砕屑物・火砕流堆積物・火山礫・軽石・スコリア（火山砕屑物の一種で，黒色・多孔質の岩片で岩滓（がんさい）ともいう）・火山灰など
- **固結火成岩**：集塊岩（角張った火砕岩の総称。現在はあまり使われない用語である）・流紋岩・安山岩・斑岩・花崗岩・玄武岩・閃緑岩・輝緑岩・斑糲岩・橄欖岩など。火砕岩を火山砕屑岩ともいう。火山性堆積岩の総称である。
- **非固結堆積物**：礫・砂・シルト・泥・崖錐堆積物・土石流堆積物
- **固結堆積岩**：礫岩・砂岩・泥岩・凝灰岩（凝灰岩は主に火山灰が風積あるいは水積後に固結化した火山性のものであるが，生成過程から堆積岩に分類される）・頁岩・粘板岩など
- **半固結・固結堆積岩**：礫岩・砂岩・シルト岩・泥岩・石灰岩など
- **変成岩**：ホルンフェルス・チャート・珪岩・スカルン・結晶片岩・片麻岩・角閃岩など
- **植物遺体**：高位泥炭・中間泥炭・低位泥炭など

土壌の性質とその鉱物部分の材料のもととなった母材との関係については，明確な法則性はないが，ある程度の傾向は存在する。特徴的な母材と土壌との関係を火山灰，洪積層，酸性岩および超塩基性岩について例示的に紹介する。

1 火山灰

火山灰の組成は噴出源と噴出時期によって変動が大きく，同一の噴出源でも噴出時期が異なれば成分が異なってくる。しかし，通常含まれている鉱物は主として火山ガラスや斜長石で，紫蘇輝石（しそきせき）（柱状結晶で安山岩や石英安山岩の斑晶とし

て普通に存在する）や角閃石などの塩基性鉱物は少ない。

火山灰が風化作用を受けることによって，通常，粘土鉱物の一種であるアロフェンが生成される。アロフェンは温泉や地下水の沈殿物，火山岩や火砕岩の風化によって生成された土壌などに普通にみられる粘土鉱物である。遊離の酸化鉄・酸化アルミニウム・ケイ酸に富んだ非晶質鉱物で，アロフェンに富む土壌には活性アルミニウムの過剰に対して耐性の高い植物が生育しやすい。このような植物の代表的なものがススキ，ネザサ，イタドリなどである。平坦地や緩斜面の微少な凹地では火山灰が堆積しやすく，粘土の多い火山灰の場合はその物理性と相まって湿性な条件となる。やや乾いたネザサ群落やススキ群落のようなイネ科草本群落では，高い有機物生産量によって土壌中に腐植が集積しやすくなる。その腐植は負荷電をもち，土壌中の正荷電をもつ遊離アルミニウムと「有機物-アルミニウム複合体」をつくる。土壌微生物が有機物-アルミニウム複合体を完全に分解するには極めて長い時間を必要とする。よって，コロイド状態にまで細粒化された有機物が土壌へ多量に供給され続け，腐植はますます増大する。また，有機物の多い火山灰土壌には土壌微生物が他の土壌よりも多く生息しているとされているが，なかでも放線菌類の比率が多いとされている。さらに，やや過湿な環境では有機物の分解が妨げられるので，土壌中への有機物量が多くなる。イネ科植物やカヤツリグサ科に特有のプラントオパール（図3-1）の土壌中含量と土壌有機物量との間に極めて高い相関のあることが，その証左のひとつとなっている。さらに，火山灰土壌の有機物層が黒色を呈し，黒ボクといわれるのは，自然発火や人為による野火がたびたび発生し，大量の微細な炭素（すみ）が長時間供給され続けたことが大きな要因と考えられている。

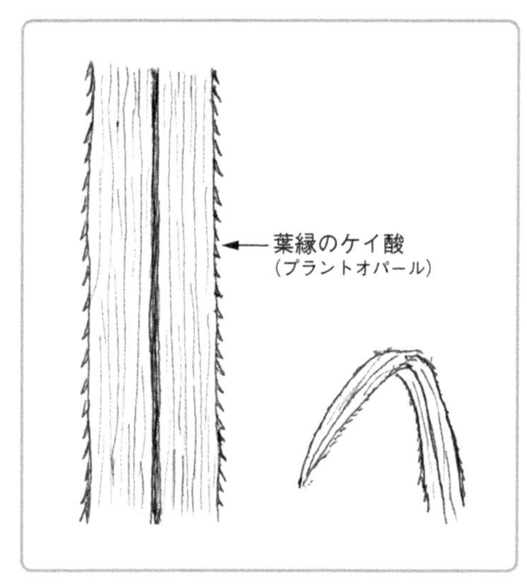

［図3-1］ **イネ科植物の葉縁のプラントオパール**

以上が，火山灰土壌に腐植に富んだ黒ボク土が生成されやすい原因と考えられているが，まだ不明なことが多い。主に木本植物が生育する森林でも有機物は多量に供給されるが，降水の多い日本では，自然発火の野火は極めて少ないことから，コロイド化した微細な腐植により汚された土壌表層（A層）は厚いものの，微細な炭による汚れは少なく，黒色でなく褐色から暗褐色を呈する。日本の気候条件下では，植生はほとんどが森林となり，大規模な草原が出現するには火山の噴火や洪水による破壊，落雷が原因の野火の発生，そのほかの要因による植生遷移の長期にわたる阻止あるいは停滞（これを偏向遷移という）が必要であり，そのようなことが自然に大規模に生じたとは考えにくいことから，日本における火山灰起源の黒色土生成には，牛馬の放牧や茅場維持のための火入れなどの人為的要因が大きく作用していると考えられている。関東ローム層で有名な武蔵野台地には，万葉集にも謳(うた)われるほど大規模なススキ草原が広がっていたらしい。

2 洪積層

洪積層は洪積世（現在の地質年代区分では更新世に相当する）に堆積した地層とされており，日本では大河川の中下流域において台地を形成していることが多い。現代ではその大部分は農耕地か都市であって，森林は少ない。洪積層は数万年以上前に水成堆積されたものが多く，水により洗脱された後に残された材料からなり，一般的には養分に乏しいとされている。この層では火山灰の影響が強い場所には黒色土が形成されるが，火山灰の影響がない場所では赤色系や黄色系の土壌が多くみられる。しかし，九州以北では，赤色系や黄色系の土壌は現在の土壌生成条件下で生成されたものではなく，第四紀更新世（第四紀前期）の，現在よりもずっと温暖だった時期にラテライト化作用により赤色化あるいは黄色化したものであると考えられている。

なお，新生代の地質区分は次のようになっている。完新世を認めない立場の研究者もいる。

- **古第三紀**

  暁新世：6,500万年前～5,600万年前

  始新世：5,600万年前～3,400万年前

Column 5

洪積世

洪積世は「洪積層という地層が堆積した時代」という意味で，現在は国際的には使われておらず，更新世という名称になっている。洪積層の名の由来は旧約聖書に出てくるノアの方舟(はこぶね)の大洪水の時代に堆積したと信じられたからであるが，ノアの方舟伝説は紀元前2,000年頃に成立したと考えられるバビロニアのギルガメッシュ叙事詩に記述されている。ヨーロッパでは北欧の氷河堆積物をその時代に堆積したものと考え，氷河堆積物を洪積層と呼んだ。更新世はイギリスの地質学者ライエル（進化論で有名なC.ダーウィンの親友）が現生種を含む地質を更新統と名付けたことにはじまる。

　漸新世：3,400万年前〜2,400万年前

- **新第三紀**

　中新世：2,400万年前〜500万年前

　鮮新世：500万年前〜180万年前

- **第四紀**

　更新世：180万年前〜1万年前

　完新世：1万年前〜現代

3 酸性岩

前述のように，酸性岩の「酸性」とは水や土壌の酸性・アルカリ性とは直接的な関係がなく，岩石の化学組成でケイ酸の割合が重量比で2/3以上の火成岩を意味する。ケイ酸が多いことによってアルカリ金属やアルカリ土金属の含有比率が小さく，風化が進むと酸性土壌が形成されやすい。酸性岩には火山岩である流紋岩，貫入岩（マグマが地殻の亀裂に貫入して形成された火成岩をいう。深成岩や半深成岩）である斑岩や花崗岩がある。これらが風化してできた土壌は淡色で貧

栄養のものが多い。さらに，これらの岩石を母材とするものは，他の岩石を母材とするものと比べて，後述するポドソル土（乾性ポドソルや湿性ポドソル）が生成されやすいとされている。なお一部の砂岩や粘土岩も同様の傾向をもつが，これは砂岩や粘土岩が水中下で堆積する間に硫黄（S）が含まれ，それが土層表面に露出して空気（酸素）と触れたときに硫酸（H_2SO_4）を生成するからである。

4 超塩基性岩

超塩基性岩はケイ酸の含有量が重量比で約42%よりも低い岩石で，橄欖岩，斜長石，蛇紋岩などがある。これらの岩石の多くはマグネシウム（Mg）と鉄（Fe）に富んでおり，なかにはクロム（Cr）などの重金属をかなりの量含有しているものもある。これらの岩石の風化が進むと，マグネシウムや鉄が多い土壌となり，さらに土壌化の過程で洗脱されにくい重金属や鉄などが残る。そのためにこれらを母材とする土壌は酸化鉄が多くなって赤色味が強い傾向がある。

後述する暗赤色土は超塩基性岩と関係が深い。蛇紋岩に由来する暗赤色の土壌

Column 6

アスベスト採取跡地の植林

かなり以前のことになるが，北海道の蛇紋岩地帯にあるアスベスト採取跡地の緑化事例を観察したことがある。蛇紋岩は超塩基性岩であり，アスベスト採取跡地の土壌も強いアルカリ性を呈していた。そこでは，植林する前はニセアカシア，ヤナギ，ポプラなどのアルカリ性に耐性のある樹種がよい成績を示すであろうと考えられていたが，結果は異なり，カラマツが最もよい成績を示していた（それでも良好とはいえない状態であった）。その理由はよくわからないが，カラマツのような耐寒性・耐乾性の極めて高い樹種は，土壌が凍結しても枯れずに生き残ることができるので，アスベスト採取跡地で土壌といえるようなものはない状態で根系が極めて貧弱であっても，厳寒期の強風・乾燥に耐えることができたのかもしれない。

は，ある種の金属元素（マグネシウムやクロム）の存在量の多さによって植物が生育障害を受けることが明らかになっている。日本では，中央構造線（西南日本から中部地方南部にかけて続く巨大な断層で，熊本県八代から四国北部，紀伊半島，赤石山脈西方，諏訪湖と続く。西南日本では内帯と外帯に分ける。内帯は中央構造線の北側（大陸側）で花崗岩が多く分布し，外帯は南側の太平洋側で，海洋底起源のチャートや変成岩が多く分布する）に沿って蛇紋岩や輝緑岩などの超塩基性岩が分布しており，特に愛知県の東三河地方の蛇紋岩地帯はその特異な植生で他の地帯とは明らかに区別される。そこではツゲやマツの矮性疎林（70年生で樹高4 mほどしかない林分もある）などが成立している。矮性である原因は明確にされていないが，土壌中にクロム・ニッケル（Ni）・コバルト（Co）などの量が多く，それらの重金属による障害が原因のひとつと考えられている。安定地形上の土壌は暗赤色土となっていることが多く，そのなかにはマグネタイト（磁鉄鉱Fe_3O_4）－マグネシオクロマイト（クロム苦土鉱$MgCr_2O_4$）－ドナサイト（磁鉄鉱とクロム鉄鉱（Fe, Mg）Cr_2O_4の混合）系列に属する鉱物が細砂のような破片として多量に認められるので，この粒子の風化によって重金属の多くが土壌に放出され，植物は重金属障害を起こすと推定され，このような立地に生育できる植物は重金属に対する耐性のある種類と考えられている。

3.3 成因による土壌の分類

1 成帯性土壌

気温，降水量などの気候条件の影響を極めて強く受けている土壌を成帯性土壌という。たとえばポドソルは寒冷な針葉樹林で発達し，赤黄色土は熱帯や亜熱帯に発達し，褐色森林土は冷温帯から暖温帯の適潤な気候下で発達する。

2 成帯内性土壌

気候や植生以外の要因を強く受けて成立している土壌をいう。たとえば石灰岩地帯や蛇紋岩地帯には特有の土壌が成立し，火山周囲（日本では偏西風の影響で主に火山の東側）には火山灰起源の黒色土壌が成立し，排水の不良な場所には湿地土壌が発達し，畑や水田などの人為的影響の強い場所にもそれぞれの地方に特有の農耕地土壌が成立する。

3 非成帯性土壌

降水による浸食，崩落，堆積などにより，土壌が急激な浸食を受けたり，絶えず浸食を受け続けたりする場所には，土壌化程度が未発達で，研究者によっては土壌とは認めないような未熟土壌が存在する。このような土壌を非成帯性土壌という。非成帯性土壌には，シラカンバ疎林など特有の植生が発達しやすい。

3.4 土壌の堆積様式による分類

土層がどのように堆積したかで，次のように分類できる。

1 残積成土壌（残積土）

母岩・母材が移動せずに同じ場所で風化して形成される。急峻な地形の多い日本では斜面上部や山頂平坦面にしかみられないが，広大な平地のある大陸では残積土が普通である。ドクチャーエフもロシア各地の残積土を主な研究対象とした。

2 運積成土壌（運積土）

上方から土砂が落下や水流，あるいは強風によって移動して下流域や風下に堆積して形成される土壌である。

⑴ 重力成土壌

重力によって斜面の下方へ移動（落下）し堆積して形成される土壌である。

- **匍行土壌（匍行土）**：土層の上下が徐々に混じりあいながら斜面上を少しずつ下方に移動しつつ形成される。
- **崩積土壌（崩積土）**：主に谷部に存在する。斜面上方から土砂が重力によって崩落して堆積する。礫や砂が選別されずに混じって堆積している。

⑵ 水成土壌

土砂が水流によって運ばれて水底に堆積して形成されるが，河川中流域より下流では，粒子の大きさ別に水流で選別されている。下流にいくほど粒子は細かくなる。

- **海成土壌**：砂州・砂嘴（きし）
- **河成土壌**：扇状地・三角州・河床・自然堤防・後背湿地
- **湖沼・沼沢地成土壌**：湖岸の砂地や湿地に生育する植物の遺体と上流から運ばれてきた細かい鉱物粒子が混じりながら年々堆積して形成される。
- **段丘成土壌**：水流や波によって土壌が削剥（開析）された部分に形成される。
- **扇状地土壌**：谷と平野部の境に形成される。表層は礫が多い。

⑶ 氷河成土壌

氷河によって削られて移動し，氷河の末端に堆積する。日本ではほとんどみられない。モレーン（氷堆石）は氷河の末端や側面に形成され，河川の堆積物と異なり，水による篩分けがなく，砂や大小の礫（岩屑物）が入り混じって堆積している。

⑷ 風積成土壌

空中高く舞い上がった火山灰が風によって流されて形成される。日本では偏西風の影響で，主に火山の東側に堆積して形成される。海岸では海砂が海流によって岸辺に堆積し，それが海風によって内陸側に運ばれて砂丘を形成する。海砂の供給源である河川が短いと，砂にならずに円礫状態で海まで運ばれるので，円礫海岸になる。円礫海岸の場合は風による内陸への運搬はないので，風積成ではない。

3 集積成土壌

低温，過湿などにより植物遺体が分解せずに堆積した土壌である。主に泥炭であり，泥炭は低位泥炭・中間泥炭・高位泥炭に分けられる。低位泥炭は地下水位の極めて高い条件下で生成され，アシ，スゲ類が主な植物で，黒泥状態である。中間泥炭は低位泥炭が発達して木本植物が侵入し，主に落枝落葉から生成される。高位泥炭は冷涼から寒冷な土地に多く，主にミズゴケ類の遺体からなる。有機物分解が極めて遅いため，植物の形がそのまま残っていることが多い。

4 農耕地土壌

人による長期間の耕耘，湛水，施肥などの影響を受けた土壌で，水田土壌・畑土壌・樹園地土壌・牧草地土壌がある。作業の内容により特徴的な土壌が形成される。

Column 7

ダム湖の浚渫土砂

近年，山間部に砂防堰堤が無数につくられ，河川にダム湖が多く建設されたことによって，海へ流出する土砂量が減り，砂浜海岸への砂の供給が減少し，砂丘が次第に後退する，という現象が大きな問題となっている。その解決策のひとつとして，ダム湖底を浚渫して，その土砂を砂浜に敷き均すことが行われている。サーフィン愛好家の人たちと懇談していたとき，彼らが「自然の砂浜とダム湖底の浚渫土砂は色や砂粒の揃い方で見分けがつくが，見なくても歩けばすぐにわかりますよ。自然の砂浜の砂は角がなく裸足（はだし）で歩いても痛くないが，ダム湖の浚渫土砂は角があって痛い」といっていた。

5 人工造成地

地形の切り土や盛り土あるいは水面の埋め立てで形成される。性質が極めて多様で一定の傾向を見つけることが困難である。造成初期は樹木にとってやせているか塩類過剰か固結しているかで正常な生育ができない土壌が多い。粘質な土性のところでは時折強酸性を示すことがある。丘陵等の切土地・盛土地，干潟・池沼等の埋立地（建設残土，海底浚渫土砂・ごみ），道路法面，干拓地など多様である。

3.5 林野土壌の分類体系

土壌分類にはいくつかの分類体系があり，農業分野と林業分野では，相互に深い関係をもつものの，異なった分類体系となっている。そこで，筆者にとってはなじみの深い林野土壌分類を簡単に紹介する。林野土壌の分類体系には土壌群・土壌亜群・土壌型・土壌亜型の4段階のカテゴリーが設けられている。

1 土壌群

主たる土壌生成作用が同じで，土壌断面に現れた層位の配列と性質の特徴が類似したものの集団である。

2 土壌亜群

土壌群の細分である。土壌群を代表する性質をもつ典型的なもの（典型亜群）のほか，他の生成作用の加わったもの，および他の土壌群との移行的な性質をもつものを亜群として扱っている。

3 土壌型

土壌亜群の構成単位である。特徴層位の発達の程度や土壌構造などの相違によって区分される。

4 土壌亜型

土壌型のうち，性状の変異の幅が広すぎる型については，土壌構造など土壌型の区分に用いた特徴の細かな差によってさらに亜型として細分される。日本に最も広く分布している褐色森林土を例にとると，最も乾燥したB_Aから最も湿ったB_Fまで6区分される。褐色森林土のなかでも最も普遍的なB_D型（適潤性褐色森林土）は他の土壌亜型に比べて性状の変異の幅が広い。このためA層に粒状構造が認められるもの，B層上部に堅果状構造が発達するもの，A_0層（O層）のうち特に下層が厚く堆積するものなど，標準的なB_D型土壌に比べて乾性的であることを示す形態的特徴のあるものをB_D(d)型すなわちB_D型の偏乾亜型として区分している。また，湿性的な形態的特徴を示すものをB_D(w)すなわちB_D型の偏湿亜型として区分することもある。

亜型より下位の分類については特にカテゴリーを設けていないが，適宜必要に応じて母材・土性・堆積様式などの相違によって細分することとなっている。

5 森林土壌の主要分類

日本に分布する土壌の分類については農学系と森林学系で若干異なっており，その差異を埋めるための統一的区分の試みもいくつかなされているが，まだ大多数の研究者が認める統一的案はできていない。

森林土壌分類を基本とし，農耕地土壌分類を参考にした概要的分類と樹木の生育の関係を次に示す。日本の林野土壌の分類（1975）では，ポドソル，褐色森林土，赤・黄色土，黒色土，暗赤色土，グライ，泥炭土，未熟土の8つの大きな土壌群に分け，それをさらに下位の分類単位に分けている。土壌型に対しては植生状態や土層の堆積状態も大きな影響を与えている。各土壌型は乾湿の水分状態

［表3-1］ **林野土壌分類**(1975)**による土壌分類一覧表**

土壌群	土壌亜群	土壌型	亜型	細分例
ポドソル群 (P)	乾性ポドソル (P_D)	$P_{D\mathrm{I}}$, $P_{D\mathrm{II}}$, $P_{D\mathrm{III}}$		
	湿性鉄型ポドソル ($P_w(i)$)	$P_w(i)_{\mathrm{I}}$, $P_w(i)_{\mathrm{II}}$, $P_w(i)_{\mathrm{III}}$		
	湿性腐植型ポドソル ($P_w(h)$)	$P_w(h)_{\mathrm{I}}$, $P_w(h)_{\mathrm{II}}$, $P_w(h)_{\mathrm{III}}$		
褐色森林土群 (B)	褐色森林土 (B)	B_A, B_B, B_C, B_D, B_E, B_F	$B_D(d)$	
	暗色系褐色森林土 (dB)	dB_D, dB_E	$dB_D(d)$	
	赤色系褐色森林土 (rB)	rB_A, rB_B, rB_C, rB_D	$rB_D(d)$	
	黄色系褐色森林土 (yB)	yB_A, yB_B, yB_C, yB_D, yB_E	$yB_D(d)$	
	表層グライ化褐色森林土 (gB)	gB_B, gB_C, gB_D, gB_E	$gB_D(d)$	
赤・黄色土群 (RY)	赤色土 (R)	R_A, R_B, R_C, R_D	$R_D(d)$	
	黄色土 (Y)	Y_A, Y_B, Y_C, Y_D, Y_E	$Y_D(d)$	
	表層グライ系赤・黄色土 (gRY)	gRY_{I}, gRY_{II}, $gRYb_{\mathrm{I}}$, $gRYb_{\mathrm{II}}$		
黒色土群 (Bl)	黒色土 (Bl)	Bl_B, Bl_C, Bl_D, Bl_E, Bl_F	$Bl_D(d)$	Bl_D-m, Bl_E-m
	淡黒色土 (lBl)	lBl_B, lBl_C, lBl_D, lBl_E, lBl_F	$lBl_D(d)$	lBl_D-m, lBl_E-m
暗赤色土群 (DR)	塩基系暗赤色土群 (eDR)	eDR_A, eDR_B, eDR_C, eDR_D, eDR_E	$eDR_D(d)$	$eDR_D(d)$-ca, $eDR_D(d)$-mg
	非塩基系暗赤色土群 (dDR)	dDR_A, dDR_B, dDR_C, dDR_D, dDR_E	$dDR_D(d)$	
	火山系暗赤色土群 (vDR)	vDR_A, vDR_B, vDR_C, vDR_D, vDR_E	$vDR_D(d)$	
グライ土壌群 (G)	グライ土 (G)	G		
	偽似グライ土 (psG)	psG		
	グライポドゾル (PG)	PG		
泥炭土群 (Pt)	泥炭土 (Pt)	Pt		
	黒泥土 (Mc)	Mc		
	泥炭ポドソル (Pp)	Pp		
未熟土群 (Im)	受蝕土 (Er)	Er		Er-α, Er-β
	未熟土 (Im)	Im		Im-g, Im-s, Im-cl

に応じて適宜細分されている（表3-1）。

(1) ポドソル群 (P)

ポドソル土壌は落枝落葉などの有機物が寒冷あるいは乾燥のために分解が十分に進まず，厚い有機物層を形成する。その有機物が徐々に分解される過程で生じた大量の有機酸によって，A層の鉄やアルミニウムが溶出し石英が残って白灰色を呈し（溶脱層），B層上部には鉄やアルミニウムが集積する（集積層）状態が観察される。日本では北海道の亜高山にあるエゾマツ・トドマツ林や本州以南の山地の尾根筋のアカマツ林などの針葉樹林でしばしば観察される。

- **乾性ポドソル（P_D）**：高山の乾燥しやすい尾根などにある有機物層の厚い土壌である。多量の有機酸生成により明瞭な溶脱層が認められる。乾性ポドソル，乾性ポドソル化土壌（溶脱層は認められないが，灰白色の溶脱斑が認められ，B層上部に集積層が認められるポドソル化の弱い土壌），乾性弱ポドソル化土壌（A層における溶脱斑は認められないがB層上部に集積層が認められる土壌）に細分される
- **湿性鉄型ポドソル（P_W（i））**：A層に溶脱層が認められ，停滞水によるグライ化作用を受けて下層に還元斑（グライ斑）も認められる土壌である。
- **湿性腐植型ポドソル（P_W（h））**：厚い黒色のH層をもち，土層全体が多腐植質で暗色味が強く，表層近くまで還元作用を強く受けているが，湿性鉄型ポドソルよりも腐植が土層中へよく浸透しており，土層は緻密ではなく膨軟なことが多い。土層全体が多腐植で暗色を呈している。

⑵ 褐色森林土群（B）

日本の山地に最も広く分布する土壌群である。A層は腐植の影響で暗褐色を呈し，B層は褐色から淡褐色を呈する。少し詳しく解説する。

① 褐色森林土（B）

褐色森林土は日本の山地から丘陵地にかけて広く分布する典型的な森林土壌であり，面積的に最も広い。地形（頂上あるいは尾根～山腹～谷）と水分条件に応じて乾燥タイプから湿性タイプまで細分される。土壌の乾湿は樹木の生育と密接な関係をもっており，植生状態を決めるほどの強い関係がある。変化が極めて大きいので，植物との関係をひとくくりにはできないが，地形，堆積状況，水分環境などに応じて，AからFまでに6区分されている（図3-2）。

(i) 乾性褐色森林土（細粒状構造型）（B_A）

山地の風が強く，日射が強いやせた尾根筋や山頂付近にみられる。A_0層は全体としてあまり厚くない。F層もしくはF-H層が常に発達するが，H層の発達は顕著ではない。暗褐色のA層は一般に薄く，B層との境界はかなり明瞭である。A層およびB層のかなり深部まで細粒状構造が発達する。この土壌はやや乾きぎ

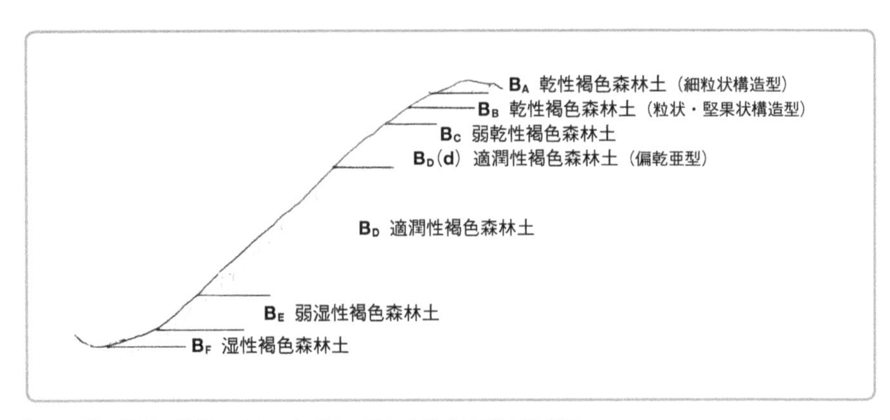

［図3-2］ **地形や乾湿に応じて出現する褐色森林土亜型の模式図**

Column 8

土壌コロイド

ある物質が0.1 μm以下の大きさになって他の物質のなかで溶けずに分散している状態をコロイドという。ギリシャ語の膠（にかわ）を意味するKollaに由来するので，日本では以前，膠質（こうしつ）といっていた。土壌コロイドとは土壌粒子がコロイド状態で水中に浮遊するほど小さくなった状態をいう。粘土粒子の大きさの基準は立場によって異なるが，土壌塊を水に溶かしたときにコロイドに近い性質を示すほど小さくなった粒子を粘土と呼んでいる。国際土壌学会（ISSS）では直径2 μm以下の粒子としており，一般的なコロイドの定義よりもかなり大きいが，コロイド的な性質をいくらかもっている。なお，日本農学会では，以前は0.01 mm（10 μm）以下を粘土としていたが，現在はこの基準は使われていない。粘土粒子は化学的にもシルトや砂とかなり異なる性質をもっている。なお，一般的には，土壌をコップの水に入れてかき混ぜ，瞬時に沈むのが細礫，1～2秒後に沈むのが砂，10秒後に沈むのがシルト，長時間水に浮いて濁った状態となっているのが粘土と考えるとイメージしやすいであろう。

みで，A層はコロイド化した微細な有機物によって着色され，白色から灰白色の菌糸束に富み，ときには菌糸網層（M層）を形成することがある。一般にB層は有機物が少なく，色調は淡い褐色である。アカマツ林や落葉広葉樹林となっていることが多い。

(ii) 乾性褐色森林土（粒状・堅果状構造型）(B_B)

山地や丘陵地の尾根筋や山頂付近などの乾燥しやすい斜面上部に発達する。厚いF層とH層が発達し，黒色味の薄いH層またはH–A層が形成される。A層には粒状構造が発達する。A層とB層の境界は明瞭である。B層の色は一般に明るく，その上部には粒状構造または堅果状構造が発達し，下部にはしばしば細粒状または微細な堅果状構造がみられる。有機物層とA層は菌糸束に富むが，菌糸網層を形成することはほとんどない。アカマツ林や落葉広葉樹林となっていることが多いが，西日本では乾燥に強いアラカシ，ソヨゴなどの常緑広葉樹も混じることが多い。なお，堅果状構造とは比較的小さい塊で堅く中身が詰まり，稜角があってさわると鋭い感じのする土壌塊をいう。

(iii) 弱乾性褐色森林土 (B_C)

山地の尾根筋や山頂に近い斜面上部にみられることが多い。F層，H層は特には発達していない。腐植は比較的深くまで浸透しているが，色は淡く，断面はやや堅密である。A層下部およびB層上部に堅果状構造がよく発達する。B層にしばしば菌糸束が認められる。アカマツを交える落葉広葉樹林となっていることが多いが，ヒノキ植林地もある。

(iv) 適潤性褐色森林土 (B_D)

代表的な褐色森林土である。山地の中腹にみられることが多い。F層，H層はやや薄い。A層は比較的厚く，腐植に富み，暗褐色を呈し，上部には団粒構造が発達し，下部にはしばしば塊状構造がみられる。B層は褐色で，弱度の塊状構造のほかには土壌構造はみられない。

- **適潤性褐色森林土（偏乾亜型）(B_D (d))**：斜面中腹に多い。断面形態はB_D型とほぼ同様であるが，A層上部に粒状構造，あるいはA層下部に堅果状構造が生じるなど，やや乾性の特徴を示す。一般にA層からB層への推移は漸変的である。落葉広葉樹林やヒノキ植林地となっていることが多いが，まれにスギ植林地となっていることもある。

- **適潤性褐色森林土（典型的）(B_D)**：やや湿性なタイプを偏湿亜型B_D(w)と分ける考え方もある。落葉広葉樹林，スギ植林地あるいはヒノキ植林地となっていることが多い。西日本ではカシ類やシイノキの常緑広葉樹林となっているところも多い。

(v) 弱湿性褐色森林土(B_E)

山地の谷にみられることが多い。O層（A_0層，有機物層）はあまり発達しない。A層は腐植に富んで厚く，団粒構造が発達し，やや暗灰色を帯びた褐色のB層へ漸変する。B層には構造はあまり発達しない。スギ植林の適地である。

(vi) 湿性褐色森林土(B_F)

粗い粒状ないし団粒状のH層が発達する。A層はやや腐植に富む。B層への腐植の浸透は少ない。B層は粘質あるいは緻密で青みを帯びた灰褐色を呈し，水はけが不良で還元的なことが多い。しばしば斑鉄やマンガン斑が認められるが，グライ層は1 m以内の土層には認められない。ちなみに深さ1 m以内にグライ層が認められるときは後述のグライとする。湿地かハンノキやヤナギ類の繁茂地となっていることがある。スギ植林となっていることも多い。

② 暗色系褐色森林土(dB)

褐色森林土の分布域の上部で，ポドソルの分布域との境界域に点在する。ポドソルと褐色森林土との漸移型と考えられる。全体に腐植含量が多く，H層またはH−A層がみられ，A層は腐植含量が多く黒褐色を呈し，B層は暗褐色（標準土色帖では明度・彩度ともに3に近い）を呈する。ポドソル化現象は生じているが，溶脱層と集積層は不明瞭である。

③ 赤色系褐色森林土(rB)

赤色風化殻または赤色風化殻を覆う新しい母材から生成された多サイクル土壌である。すなわち，化石土壌としての赤色土の上に現在の気候下における褐色森林土化作用を受けた土壌が被さっている。一般に酸性が強く，やせた土壌が多い。主に西日本の暖温帯の丘陵地，低山などの古赤色土の分布域の周辺にまばらに出現する。B層の色は標準土色帖の5YR5/6よりも赤みが弱く，7.5YR5/8よりも赤みが強い。やや乾いた常緑広葉樹林となっていることが多い。赤褐色森林土と呼ぶ研究者もいる。

④ 黄色系褐色森林土(yB)

暖温帯照葉樹林気候下に生成される土壌で，湿潤冷温帯の褐色森林土と湿潤亜熱帯の黄色土との中間に位置する。現在よりも温暖な気候下で生成された黄色土が現在の気候下で褐色森林土的な土壌生成作用を受けた，酸性の強いやせた土壌である。母材の影響が強く，塩基性岩に由来するものは塩基飽和度が高く，微酸性を呈することが多い。B層の色はおおむね標準土色帖の10YR6/6より黄色が弱いが，7.5YR6/8より黄色味が強い。主に西南日本の低山・丘陵帯の浸食面および高位段丘（上面が平坦で急斜面や崖で区切られた段丘上の地形をいう）などに分布する。低山・丘陵や河岸・湖岸の斜面上に発達しており，ややややせた土壌である。黄褐色森林土と呼ぶ研究者もいる。

⑤ 表層グライ化褐色森林土(gB)

年間のある時期に，ごく浅い層に停滞水が生じ，表層部が還元作用により，灰色の還元斑または斑鉄の認められる褐色森林土である。谷の底部に多くみられる。浅い層が酸欠状態のため，樹林全体で根系が浅くなり，強風により倒伏しやすい。

(3) 赤・黄色土群(RY)

熱帯，亜熱帯の気候下で生成される。赤・黄色土群に属する土壌は，淡色の厚さの薄いA層をもち，赤褐色ないし明赤褐色，あるいは黄褐色ないし明黄褐色のB層（ときにはC層も赤褐色を呈する）をもつ酸性の土壌である。日本には奄美諸島以南の南西諸島など，現在も亜熱帯気候下に属する島嶼部で多くみられ，多少なりともラテライト化作用を受けたやせた土壌である。九州以北に分布するものは更新世温暖期に生成された古土壌（化石土）と考えられている。肥料成分が少なくやせている。

- **赤色土(R)**：母材に鉄分が多く含まれていて水はけのよい土壌に形成されやすい。B層，C層の色が赤褐色ないし明赤褐色（5YR4/6より赤みが強い）の酸性土壌である。
- **黄色土(Y)**：B層，C層が黄褐色ないし明黄褐色（ほぼ10YR6/6あるいはこれより黄色みが強い）の土壌を黄色土としている。母材に鉄分が少ないとき，あるいは鉄分が多くてもやや排水性が悪く，鉄分の酸化度が弱い場合に黄色土となりやすい。おおむね酸性～微酸性でやせている。
- **表層グライ系赤・黄色土(gRY)**：表層近くに停滞水層があってグライ化作用を

受けた赤・黄色土であり，比較的厚いA_0層をもち，なかでも特にH層が発達している。A層に赤褐色や黄土色の斑鉄，黒色のマンガン斑，あるいは灰白色の層をもつ。

(4) 黒色土群（Bl）

大部分は火山灰起源の腐植に富んだ土壌であるが，一部に湿地起源（黒泥土由来）のものもあるといわれている。黒色ないし黒褐色の厚いA層をもち，一般に容積重は小さく，保水力や陽イオン交換容量（CEC）の大きい土壌で，A層が黒

Column 9

ラテライト化作用

熱帯や亜熱帯の地方では，道路が赤く，赤茶けた日干し煉瓦で家や塀の壁がつくられているのをテレビでよくみるが，これは高温多湿の環境下で土壌中のケイ酸塩が分解されて降水とともに下方に溶脱し，残された鉄やアルミニウムの酸化物が土壌の大半を占めるようになる現象である。ラテライト化作用を受けた土壌はカリウムやカルシウムも加水分解によって溶脱し，粘土も溶脱しているので，やせて硬く締まった状態である。なお，ラテライト化土壌の赤色味は鉄が酸素と強く結びついた酸化第二鉄となっているためである。もともとアルミニウムに富んだ土壌が強いラテライト化作用を受けるとボーキサイト（アルミニウムの原料）を生じる。

［写真3-2］ ラテライトの赤い土壌
〔©cybervam-123RF〕

［写真3-3］ 西アフリカサヘル地域のテーブル台地上の黒褐色の岩石（ボーキサイト）

色味の強い（明度・彩度ともに2以下）黒色土（Bl）と，腐植がやや少なく黒色味の弱い淡黒色土（lBl）に区分されている。これらはいずれも農耕地土壌分類での黒ボク土に相当する。火山灰起源の黒色土はアルミニウムが有機物と結びつき，アルミニウム–有機物複合体を形成している。アルミニウム–有機物複合体となると，微生物が有機物を分解する速度が極端に遅くなる。ちなみに，ユーラシア大陸西部の，穀倉地帯として有名なチェルノーゼム（黒土）は日本の黒色土と外観的にはそっくりであるが，半乾燥条件で草本由来の有機物とカルシウムが結びついてカルシウム–有機物複合体を形成している土壌である。

- **黒色土（Bl）**：黒色味が強い。黒色土の黒さは腐植の量だけではなく，微細な炭素（すみ）の存在も関係している。
- **淡黒色土（lBl）**：腐植量がやや少なく黒色味が淡い。火山から遠く離れた地域に多い。

⑸ 暗赤色土群（DR）

A層の赤味は一般に淡色または薄く，赤色土よりも暗色味の強い赤褐色ないし暗赤褐色（10R，2.5YR，5YR3～4/4～6）のB層をもつ土壌である。この土壌群は南西諸島の珊瑚石灰岩に由来する暗赤褐色の土壌である。蛇紋岩のような超塩基性岩に由来するチョコレート褐色を呈する塩基系暗赤色土，石灰岩等の塩基性岩などから生成される塩基系暗赤色土に土色や断面形態が似ているが，塩基飽和

［写真3-4］　**浅間山山麓**（群馬県吾妻郡）**の黒色を呈した火山灰土壌の畑**

地元では「野ぼう土」といわれている
〔©浅間山ジオパーク推進協議会〕

［写真3-5］　**火山灰起源の黒色土の断面**

下層は黄褐色のB層

度の高くない非塩基系暗赤色土，火山作用による熱水風化を受けた火山系暗赤色土など，成因は異なるが外観は似ている分類学上の位置の未確定な土壌を一括したものである。いずれも分布は局所的である。

(6) グライ土壌群（G）

- **グライ土（G）**：深さ1 m以内に，浅層地下水あるいは恒常的な停滞水によるグライ層（二価鉄（酸化第一鉄）により灰色や青色となった還元層）をもつ土壌である。
- **偽似グライ土（psG）**：深さ1 m以内に，季節的・一時的な停滞水によるグライ層をもつ土壌である。鉄やマンガンの斑紋に富む。
- **グライポドゾル（PG）**：ポドゾル化による溶脱層または溶脱斑をもち，下層に地下水によるグライ層をもつ土壌である。

(7) 泥炭土群（Pt）

- **泥炭土（Pt）**：湿生植物遺体の堆積により形成された土壌である。土層上部に厚さ約30 cm以上の泥炭層（植物組織が未分解状態で認められる）が発達する。高位泥炭（ミズゴケ類），中間泥炭（ワタスゲ，ヌマガヤ，ホロムイスゲなど），低位泥炭（ヨシ，スゲ類，マコモ，ヤナギ類，ハンノキなど）に区分される。
- **黒泥土（Mc）**：土層上部に厚さ約30 cm以上の黒泥層をもつ土壌である。黒泥とは植物組織が分解されて黒色で粘着性の泥となっている状態である。黒泥土が乾燥化すると，外観的には黒色土とよく似ているが，火山灰由来の粘土と異なった粘土が多く含まれるため，土壌の粘性がまったく異なる。黒泥土が乾燥

Column 10

グライ

土壌のごく浅い層が過湿で鉄が還元状態（酸化第一鉄）となっている土壌をグライ土という。グライの意味は青灰色を呈する土，あるいはぬかるみの泥を意味するロシア語の方言あるいは俗語gleyに由来するといわれている。グライ層は水田土壌でみられ，湿田では通年みられるが，乾田では湛水すると現れる。乾田のグライ層は湛水時には灰色～青灰色，水を抜くと灰黄色になる。

化して植木の畑となった土壌を見たことがあるが，外観的には火山灰起源の黒色土とまったく見分けがつかず，リン酸吸収係数が高いなど黒色土と似た性質をもっているらしい。

〔写真3-6〕 泥炭の一種である草炭がみられる釧路湿原の北部に隣接しているコッタロ湿原

〔©北海道ラボ〕

- **泥炭ポドソル（Pp）**：高位泥炭起源の比較的厚い泥炭質ないし黒泥質の腐植土層を有し，その下の鉱質土層の上部に橙色の明瞭な鉄・アルミニウムの集積層をもつ土壌である。腐植土層直下に薄い灰白色の溶脱層をもつこともあるが，一般に明瞭な溶脱層は認め難く，腐植土層全体が弱度の溶脱層的状態を呈する。大量に生産される有機酸により強い酸性を呈する。

(8) 低地土

低地土という区分は林野土壌分類にはないが，一般にはしばしば使われる。河川の氾濫原に発達する土壌（運積土）であり，次の2つに大別されるが，前述のグライ土群と泥炭土群は灰色低地土に含まれることが多い。

〔写真3-7〕 水が抜かれた乾田

〔©たまくさ https://tamakusa.amebaownd.com/〕

- **褐色低地土**：自然堤防（河川中流域より下流の両岸の微高地）上の水はけのよい砂質土に発達する。肥沃な土壌が多く，住居や畑として活用されている。

- **灰色低地土**：自然堤防から離れた後背地に発達する。水はけが悪いので，自然には湿地のような状態となっていることが多く，土壌は還元的である。江戸時代に水田開発がなされたところが多い（地名が「●●新田」となっているところがある）が，湿田であり生産性がやや劣るとされている。よって大規模な明渠排水網などによって乾田化が図られたところが多い。

(9) 未熟土群（Im）

- **未熟土（Im）**：母材の堆積が比較的新しく，まだ化学的な風化が進んでおらず，土壌化は進まず層位の分化も不明瞭あるいは微弱な土壌である。比較的新しい火山灰，火山砂，火山礫の放出，河川の氾濫，土石流，泥流などによる堆積物，海流によって運ばれた砂粒による砂丘などが含まれる。基本的に土壌とはいえない状態でやせているが，多くの場合，植物の生育は可能である。花崗岩が風化して崩壊し堆積したマサ，九州南部の新鮮な火山灰や火山礫で構成されるシラス，ボラなどが有名である。

［写真3-8］ **代表的未熟土である三日月型移動砂丘**

- **受蝕土（Er）**：浸食や崩落により土層の一部（土壌表層）が欠けたものである。土層がまったく欠けた場合は土壌ではなく岩盤である。

3.6 緑地土壌の特徴

1 緑地土壌の多くは人為的改変土壌

草本や木本などの植物に覆われている土地空間を緑地という。広義には緑地のなかに森林，農耕地，牧草地，原野，湖沼等の水面などが含まれるが，狭義には森林，農耕地，牧草地などを含まず，庭園，公園，都市や都市近郊の環境緑地，緑道などの空間をいう。近年は屋上庭園など人工地盤上の植栽地も緑地に含めることが多い。

緑地土壌の多くは土地を切り盛り造成したり，ほかの場所から運んだ土砂で埋め立てて造成したりしたものである。特に臨海埋立地は海砂，地下鉄，トンネル，ビル建設時の廃土・残土，そのほか雑多な廃棄物で埋め立てられ，複雑な土壌となっている。つまり，緑地土壌の多くはまったくの人為的土壌であり，そこには自然の層序はなく，緑地の立地条件，成立条件により土壌の性質は多種多様である。

2 立地条件と造成法が緑地の土壌断面に及ぼす影響

図3-3は丘陵地を切り盛り造成した状態を模式的に示したものである。上段の平坦地と下段の平坦地との間の斜面林にその土地の森林が残されており，そのなかのA地点は，ほかの地点よりは樹木の生育にとって好条件である。しかし，B地点は切りとられた部分の土で埋め立てられており（盛土），A層は深いところに埋没し，A層のもつ機能を果たしえない。C地点になると埋め立てはさらに厚くなって，深く埋没したA層のところまでは樹木の根は到達しない。D地点やE地点では下層のB層やC層も消失し，基岩のR層が地表に出ている。

微地形が異なると，その場所でみられる土壌断面の模様に著しい差がみられることがある。たとえば，わずかながらも凸地形であると乾燥型の断面を呈し，わ

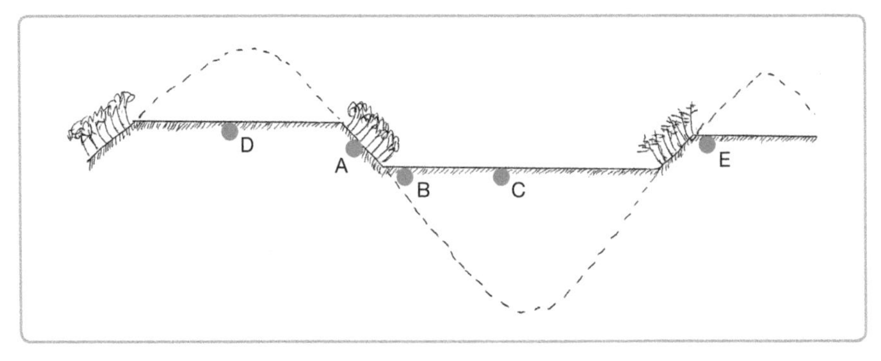

［図3-3］ 丘陵地の開発造成の模式図

ずかながらも凹地形であると湿潤型，還元型の土壌断面となる。また，削剥・浸食作用と畑地造成による人為的影響のために，わずかな距離の差でも土壌断面に著しい相違の生じることがある。

3 埋立地土壌の特徴

(1) 臨海埋立地の特徴

埋立地土壌の性状は一般に劣悪であるが，ここで最も問題となるのは，粘質な浚渫土砂で埋め立てられた場合，不透水層（粘土層）が比較的浅いところにあって停滞水（これを宙水（ちゅうみず）という）となっている場合で，これが土壌を還元状態にしてグライ層を形成し，樹木の根が障害を受けることである。さらに地震の際に液状化現象も生じやすい。

(2) 丘陵造成地の土壌

丘陵地においては高低の変化の大きい地形から丘部を削りとり，その土砂を谷部に運んで埋立てに使い，広い平坦地形を造成する。このような施工法によって整地された基盤では，盛土部分か切土部分かわずかに残された自然地形か，粘質か砂質か壌土質か，有機物混入の多少，固結した岩盤が地表あるいは地表近くにあるか否か，造成の際の重機による転圧で固結層が形成されているか否かなどによって土壌の理学性がかなり異なっている。たとえば，もとの林地の表層土，締め固めて客土した土壌，および膨軟な状態で客土した土壌の理学性を比較した例をみると，樹木の生育に大きな影響を与える粗孔隙（水はけをよくし，土壌中に空気を保持する大きな孔隙）の量が自然土壌では多く，重機によって転圧された盛土造成地では極めて少なくなっている。

また，粗孔隙と細孔隙（毛管現象を示す孔隙。毛管孔隙ともいう）を合わせた全孔隙量については，膨軟な状態の植栽用客土と林地との間にはほとんど差がなく，締め固めた盛土地では著しく低下する。さらに排水性に重要なはたらきをする粗孔隙量のみをみると，植栽用客土よりも林地土壌のほうが多くなっている。黒色土（黒ボク土）に成立するスギ林土壌と，同様の土で客土された植栽地土壌の容積重（単位容積あたりの重さ）を深さごとに比較した例では，表層に近い深さ 30 cm ほどのところで最も差が大きく，客土のほうが重くなっている。

このような自然土壌の樹林地と造成地土壌との理学性の差は，植物の生育に大きな差を生じる原因となっている。まったくの自然土壌ではないが，現在は自然土壌に近い状態となっている明治神宮境内林の林床と，明治神宮に隣接し明治神宮と基本的に同じ土壌であるが，人の踏圧や落葉除去を常に受けている代々木公園の樹林地の無剪定の樹木の生育を比較すると，明治神宮のほうが樹高がかなり高くなっている。

(3) 都市廃棄物による埋立地の土壌

都市廃棄物には，建築・土木工事で発生する残廃土，生活廃棄物（ごみなど），清掃工場の焼却灰，下水汚泥脱水ケーキの灰など多くの種類があり，これらの多くは埋め立てに使われている。

［写真3-9］ **瓦礫混じりの土で覆土された工場緑地，下層は還元状態で黄灰色を呈している**

種々雑多な都市廃棄物で埋め立てられた場所の土壌の性質は埋立材料によって大きく異なるが，多くの場合，表層は建設工事などの残土が主体で，コンクリートなどの多くの夾雑物を含んだ未熟な土壌である。したがって，緑化するうえでは多くの問題がある。すなわち，基盤を重機類で造成するため，表層が堅密になりやすく理学性がきわめて不良である。また造成後もしばらくは沈降して基盤が不安定な状態がかなり続く。さらに，廃棄物中には植物の生育に有害な物質が含まれていたり，土中深くに埋められた生ごみなどが嫌気的発酵によりメタンガスなどを発生させたりして，長期間植栽不可能な状態が続くこともある。

(4) 浚渫による臨海埋立地の土壌

浚渫による埋立地では，海底の土砂を泥水として送水管から噴出させ，土砂を堆積させて土地造成を行っている。また，建設残土と都市ごみをサンドイッチ状に交互に積み重ねて埋め立てた場所もある。

海底土砂を浚渫して造成した臨海埋立地では，浚渫用サンドポンプの排出口の近くに粒径の粗い砂が堆積し，細かいものほど遠くへ堆積して，それが同心円状

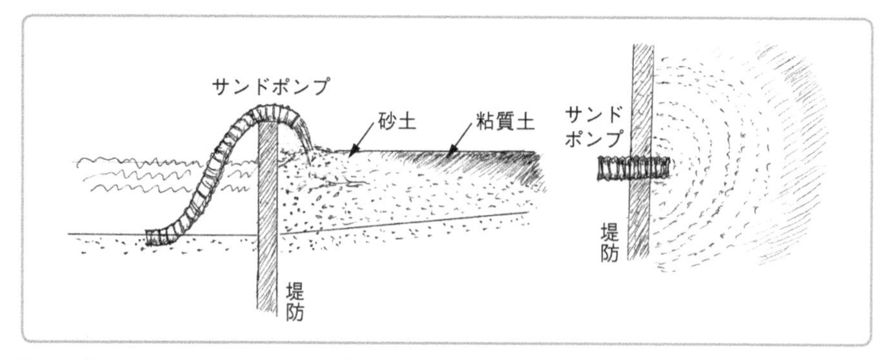

［図3-4］ **海底浚渫土砂をサンドポンプでくみ上げて行う埋め立て**

をなすことが多い（図3-4）。浚渫による埋立地はまったく未熟な土壌母材からなっており，普通，粗粒性の砂質土の基盤が最も広く分布し，一部に粘質土の層をもつ。

砂質土と粘質土は理学性に大きな相違があるが，時間の経過に伴う理学性の変化は，砂質土では小さく，粘質土では大きい。このことは化学性にも影響する。また砂質土は粘質土に比べて全孔隙量，窒素含有量，炭素含有量，塩素含有量が少なく，容積重および透水性が高い傾向を示す。

［写真3-10］ **海底浚渫土砂と瓦礫混じりの建設残土による埋立て地の断面**

砂質土では，乾燥あるいは土壌粒子が単粒で大きいことによって水分の毛管上昇が切断され（土壌孔隙のほとんどが毛管現象を起こす細孔隙の大きさよりも大きい粗孔隙である状態），表層の乾燥砂層と下層の湿潤砂層という著しく含水率の異なる2層が不連続に分かれ，夏季に晴天が続くと最表層の乾燥砂層が数十cm以上の厚さに及ぶことも珍しくない。

造成初期の粘質土では，濃い塩分を含んだ水分が土に強く吸着され，水の動き

Column 11

液状化現象

地震のときに地面から水が噴き出し地盤が沈降する液状化現象は，湿地帯を埋立てたところで発生しやすいが，東日本大震災のときも海底浚渫土砂による東京湾岸の埋立て地の砂と粘土が混じったようなところで発生している。下層に粘土層があって不透水層となり，その上の砂層に水が溜ってその層が水で飽和状態になっており，さらにその上に土砂が被さったような状態があると，強い地震のときに液状化現象を起こしやすい。

が少なく停滞しているため，理学性の改善はなかなか進まないことが多い。

4 街路樹・公園緑地の土壌

(1) 街路樹の土壌

都市の街路樹は，構造上狭く閉鎖された（図3-5）ため，植木鉢のような土壌環境で生活するものが多い。一般的に，街路樹の土壌は都市の中心部と郊外では大きく異なる。たとえば，東京の多摩地域や武蔵野台地上の山手地域は腐植に富む火山灰土で樹勢も比較的よい。しかし，都心部では，基本的に自然の土壌ではないところに街路樹が設けられ，植栽桝にわずかな客土（多くが火山灰起源の関東ローム）がなされ，それに砂礫や瓦礫が混入し，また多くの場合，ガラス質の土壌改良材が混入されており，自然本来の土壌とはまったく異なるものになっている。東京の下町では，関東大震災や戦災のときに発生した粗大な瓦礫が埋められたところに植栽された街路樹も珍しくない。

水分状態は，多摩地域や山手地域では適潤あるいはやや乾であるのに対し，東部に行くほど瓦礫の混入度合いが多くなって保水力が低下し，乾燥傾向が強くなる。また，堅密度も東部にいくほど高くなる傾向がみられる。水素イオン濃度指数（pH）の数値は，大まかには多摩＜山手＜都心部≦江東＜埋立地の順で，弱酸性からアルカリ性に変わっていく傾向がみられ，樹勢は東部にいくほど不良に

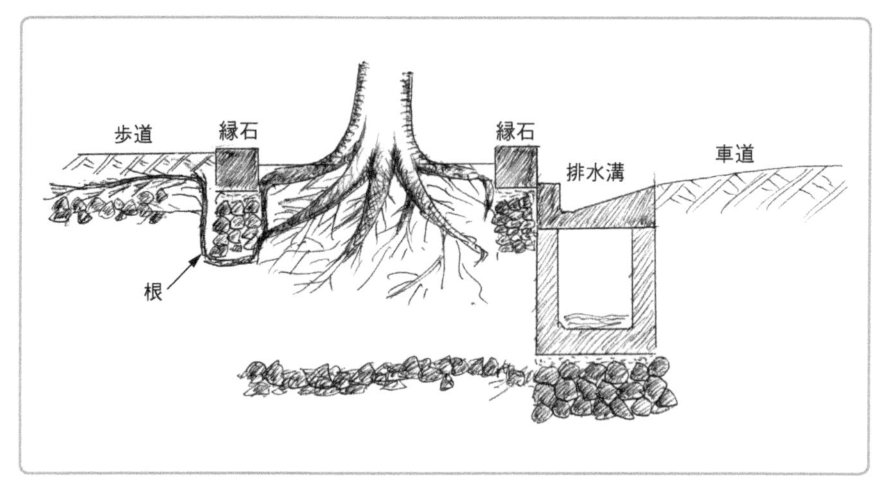

［図3-5］ **都市の街路樹の構造**

なる。

街路樹は土壌の量が制限されているため，根系の発達が可能である範囲も限られており，舗装や排水溝があるために水分や養分の供給も少ない。さらに，植桝内は人間の踏圧により表面が堅密な場合が多く，全体的にみると環境は劣悪である。

⑵ 公園緑地の土壌

公園緑地の土壌は，郊外の自然状態に近いものから，都心部の人為的影響を強く受けているもの，さらには臨海埋立地や丘陵造成地のようにまったく人工的に基盤整備されたものもあり，非常に範囲が広い。

公園緑地の土壌は，利用形態による人為的影響の度合いによってその良否が左右される。すなわち，車道や歩道およびその周辺は踏圧によって理学性が不良となり，建物や舗装道路の周辺は，踏圧と併せてコンクリートなどから溶出した炭酸カルシウムの影響による土壌のアルカリ化がみられる。多くの場合，落葉などの有機物が清掃除去されるため，物質循環が遮断されている。さらに都心部の公園では，地下に駐車場，下水管，地下鉄などさまざまな構造物が多く，地下水面からの毛管孔隙水の上昇を妨げたり，停滞水が生じやすくなったりしている。

このように都心部の公園緑地は，さまざまな要因が複合的に作用して土壌は劣悪化しており，植物の生育に影響しているが，植物のほうは土壌が多少劣悪でも生育する能力を備えているため，管理者はこれで問題ない，と誤認してしまう結果となった。

公園緑地のうち，自然状態に近い樹林地と踏圧を受けた樹林地の土壌の理学性を比較した例をみると，かなり異なっていることがわかる。たとえば，踏圧地の土壌は自然状態に比べて孔隙量が少なく，透水性が非常に悪くなっている。踏圧地における土壌の固結は表層にとどまらず，かなり深い層にも及ぶことがある。

(3) 傾斜地の土壌

土壌が傾斜地に成立していたり，定期的に除草されたり，常時清掃されたりしている場合，表面浸食を受けていることが多い。浸食は樹木の成長に大きな影響を与えるので，その有無は重要な意味をもつ。浸食様式は次のように区分し，それぞれを極微，軽度，中度，強度に区分することがある。

① 水食

次のように区分される。

- **シート浸食**：薄く皮を剥ぐような表面浸食をいう。
- **リル浸食**：小さな溝ができる浸食をいう。
- **ガリ浸食**：深い溝ができる浸食をいう。大規模なものは谷を形成する。
- **地滑り**：土層とその下の岩盤（不透水層）との境目に水の膜が生じて斜面全体が滑落移動する。
- **深層崩壊（山体崩壊）**：地層のかなり深いところに異なる岩盤の層があって，その部分で滑落する。豪雨時に地下に水の層ができると滑落の直接的原因となることが多い。

② 風食

風による浸食をいう。黄砂は風食によってシルトや粘土が空中高く舞い上がり，遠くに運ばれる現象である。しばしば偏西風によって日本にも運ばれ影響を与える。

③ 崩落

重力により急傾斜地で土層や岩石に削剥が生じ，谷や断崖の底部に堆積する。

Chapter

4

樹木の根の構造と機能

4.1 樹木の根の構造と機能

樹木の根は光合成およびその後に続く一連の代謝に必要な水を吸収し，葉からは光合成に直接必要な水分の100倍から200倍にもなる水分が蒸散されて，直射日光による葉面温度の上昇を防ぐとともに，物質の生産に必要な窒素や各種ミネラルを葉面に集めている。乾燥地で常時灌水をしていると，地表からの蒸発量が極めて多いために，地表に塩類集積が生じるが，原理的にはこれとまったく同じである。さらに枝幹はその葉を力学的に支えるとともに，根から吸収した養水分や葉で合成した同化産物の通り道となる。さらに根は地上部の樹体を力学的に支えるとともに，水や窒素，ミネラルなどの肥料成分を吸収し茎葉に供給している。

Column 12

建物を壊す木の根

筆者がドイツの友人Prof. Dr. Claus Mattheckから聞いた話では，ヨーロッパナラの根が40 m離れた石造りの壁を壊した例があるという。もしこの木が他の方向にも同じ距離根を伸ばしていたと仮定すると，根系の範囲は80 mにもなる。石造りの建物を壊すほどの根の成長圧力は単に到達しただけでは生じないので，もし壁がなければさらに数m～10 m以上伸びていた可能性がある。もし同様に他の方向にも伸びていたと仮定すれば，直径100 mにもなる。ヨーロッパの夏季は乾燥が著しく土壌が硬く締まっているところが多いので，このようにごく浅い層を水平方向に広がったのであろう。日本のように湿潤で膨軟な土壌が多いところでは考えられないほどの伸び方であるが，木の根が建造物を壊す現象は日本でも普通にみられる。

植物組織のどの部分が欠けても植物の生活は成り立たない。根を切れば枝葉の維持が困難になり，枝葉を切れば光合成ができなくなり，根の成長が阻害される。幹や大枝が傷つけば養水分の通導が困難になる。植物体のある部分がほかの部分よりも重要，ということはなく，すべての組織器官が等しく重要であるが，一般的には最も見えにくく理解されていない組織が根であり，また土壌形成にも大きな影響を与える存在であるので，次に根の構造と機能について簡単に説明しよう。

1 根の構造と機能

(1) 広く水平方向に伸びる樹木の根

多くの人は，樹冠と根の関係について，枝張り（樹冠幅）と根張り（根系幅）の範囲が等しい，と考えている（図4-1上）。しかし実際には，障害物さえなければ図4-1下に示すように根系のほうがはるかに広く伸びるのが普通である。伸びる方向も，平坦地で一方向からの卓越風がなく，幹が傾斜せず樹冠にも偏りのない場合，つまり力学的にまったく偏りのない成長をした場合は，あらゆる方向にほぼ均等に伸びる。普通，土壌が乾いているところでは根は深く広く伸長し，湿潤なところで

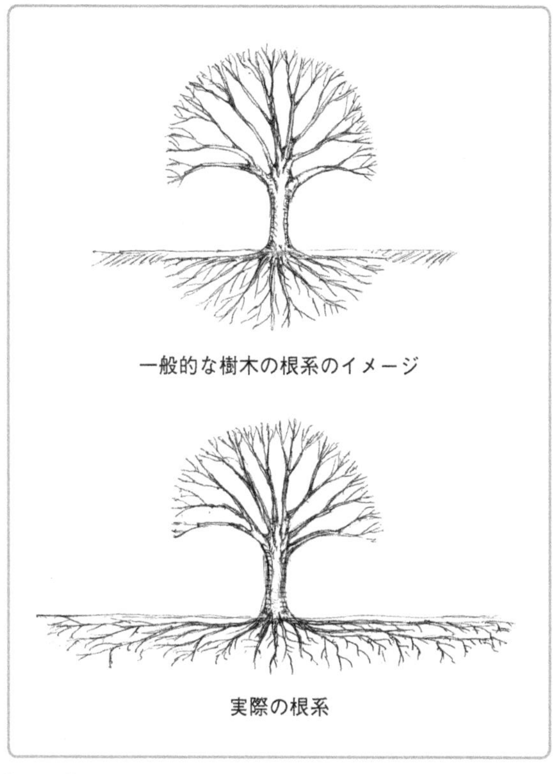

［図4-1］ **一般的な樹木の根系のイメージと実際の根系**

大部分の根は水平方向に広く伸び，垂下根は少なく，苗木時代の幼根（主根）は消失している。

Column 13

深く潜る根

アフリカのサバンナ（熱帯・亜熱帯の半乾燥草原）には有棘のアカシア類が多種類生育している。乾期に落葉し，雨期に着葉するが，雨期に落葉して乾期に着葉する不思議なアカシアの一種がある。それがシロアカシア（*Acacia albida*，最新の分類では*Faidherbia*属）である。この木は樹高30 mに達する程の巨木となり，とても立派である。普通のアカシア類は水平方向に浅く広く根を張り，雨期の降水を効率よく吸収して盛んに光合成をし，乾期には落葉して休眠状態に入るが，この木は水平方向の広がりは小さく，その代わりに厚い砂の層を深く潜っていく。シロアカシアの実際に観察された最も深い根は深さ40 mのところから見つかっている。この木が乾期に着葉できる理由は，深く潜った根が地下水から毛管現象で上昇してくる毛管水を吸収しているためであり，雨期に落葉して休眠する理由は，土壌が過湿となって土壌孔隙がほぼ水で満たされ，呼吸困難になるためと考えられる。浅い地下水や停滞水から上昇してくる毛管水を利用する現象は，日本の樹木でも普通にみられることである。

筆者が西アフリカのマリ共和国で初めてシロアカシアを見たときは雨期の落葉期であった。他の木が青々と葉を茂らせているのに，立派な大木が葉のない状態であったので，「このように立派な木が枯れてしまったのか」と勘違いして残念に思ったことを思い出す。

［写真4-1］ **乾燥地のワジ**（イスラエル）

伏流水あるいは地下水が豊富にあるが雨期の洪水の影響で植物が定着しにくい

〔© Mark A. Wilson（Department of Geology, The College of Wooster）-Wikipedia〕

はあまり広がらない。また，土層に硬い部分があると，深く潜らずに地表近くを長く横に伸びる傾向がある。地下水や宙水（土層中にある停滞水）がごく浅いところにある場合，根は深く潜らず，また水平方向に広く伸びることもない。

(2) 樹体を支える根

樹木が傾斜地に生えたり，幹が傾斜したり片枝だったり，一方向から強い風を受け続けたりした場合，幹にあて材が形成される。針葉樹では谷側や傾斜した幹の下向き側あるいは風下側に圧縮あて材が形成され，それに対応するように樹体を下から支える根が発達する。一方，広葉樹では山側や幹の上向き側あるいは風上側に引張りあて材が形成され，それに対応して樹体を引張り起こそうとする根が発達する（図4-2）。しかし，圧縮あて材，引張りあて材のいずれも，それに対応する根を形成できない状態にあるときは，根元近くの幹にあて材を形成することができない。そのときの針葉樹の年輪は，引張りあて材のような分布を示していることがある。一方，傾斜地に生えている広葉樹でも，山側に岩盤などがあって根を伸ばせないときは圧縮あて材のような年輪分布になることがある。そのような場合，針葉樹でも広葉樹でも，本来のあて材は幹の少し上部に形成される。針葉樹と広葉樹におけるあて材形成の違いは遺伝的なものであるが，根元近くの幹での発現には対応する根の形成が不可欠であると推測される。（図4-3）

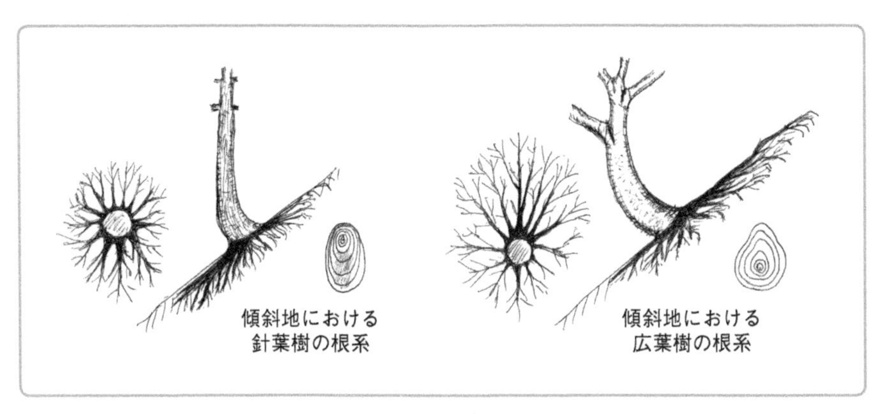

［図4-2］ **幹下部にあて材が形成されるときの針葉樹と広葉樹の根の発達状況**

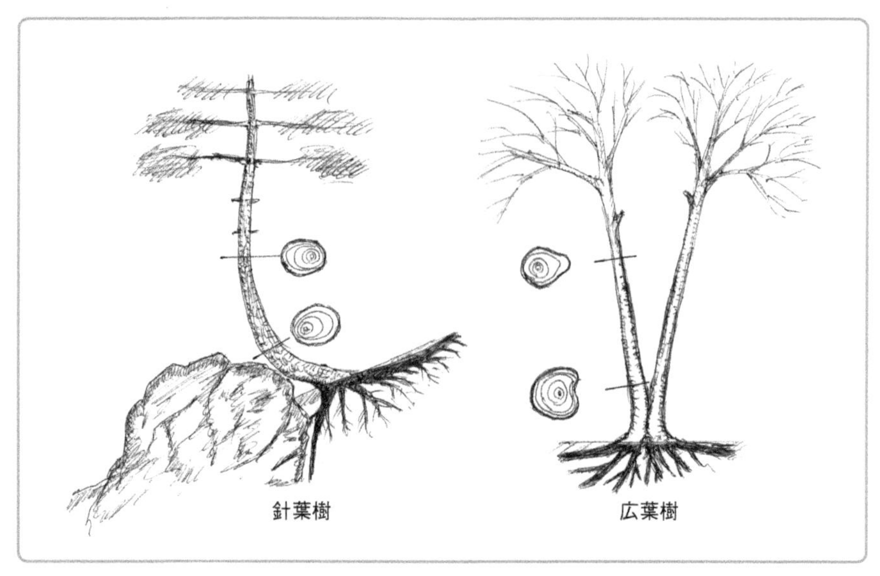

［図4-3］ **あて材に対応する根を伸ばせないときの針葉樹と広葉樹の根系発達状況と根元の年輪分布**

(3) 茎と根の発生と構造の違い

一般的に茎は外観から樹種の区別が容易であるが，根は樹種間の形態的な差異が少なく，区別の困難なことが多い。このことから，根は茎ほど分化が進んでなく，原始的な形態を保持していると考えられている。そのように考えられる要因のひとつとして，土壌中のほうが地上に比べて環境変化の小さいことが挙げられている。

当年生の茎と細根は図4-4のように維管束の配列が異なり，太くなった茎すなわち幹と根の間でも大きな違いがある。幹には髄があるが根にはなく，幹には節（せつ）があるが根にはない。幹では成長点（芽）は先端（頂芽）か側面（側

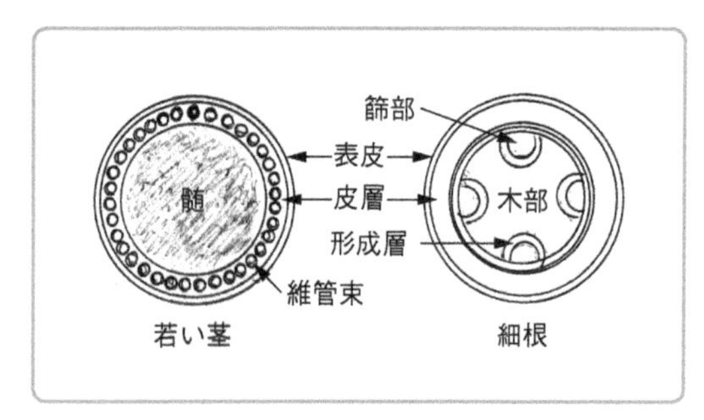

［図4-4］ **茎と根の維管束配列の違い**

芽）にあり，成長中はその上を覆う組織はない。休眠芽の一種である越冬芽には，芽鱗に覆われているものと，芽鱗はないが越冬のための新葉に覆われている裸芽がある。幹の側面にある潜伏芽は芽鱗がなく成長点のみであるが，外樹皮内に埋もれている。ちなみに，芽鱗は芽が成長する際にすぐに脱落するが，葉の一種であり，その脇に側芽の原基がある。太い幹から発生する胴吹き枝のほとんどは長期間休眠状態にある潜伏芽であり，潜伏芽は側芽すなわち定芽の一種であり，ごく短いシュートと考えられる。その先端にある成長点，すなわち細胞分裂組織は盛んに細胞分裂して枝幹を形成し，その成長（一次成長）の過程で側芽が形成され，側芽の大部分は枝にならずに潜伏芽となる。癒傷組織から発生する枝（分化の方向性をもたない細胞の塊であるカルスから不定芽が形成され，その芽から伸びる枝）は普通，極めて少ない。

一方，根の成長点である根端分裂組織の上には常に根冠が被さっている。さらに，側根は芽と異なり，どこからでも発生する可能性がある。根系の先端よりの細い根から発生する側根は根が成熟する過程で内鞘から発生する。しかし太くなった根は，形成層の細胞分裂による肥大成長で一次的な表皮・皮層・内皮・内鞘のいずれもが破壊されているので，太い根が切断されたときなどに，その根の傷口より根元側から発生する細根は形成層，皮目コルク形成層，放射組織あるいは癒傷組織で形成されるカルスから発生すると考えられている。

枝幹は重い樹冠を空中高く支え，しかも風に強く揺すぶられるので，折れないように細胞壁を厚くし，さらにリグニンを大量に詰め込んで体を硬くしているが，根は風で揺れることも落下することもなく，乾燥の程度も地上部よりははるかに弱いので細胞壁は薄く，リグニンも少なく，枝に比べてはるかにやわらかく，圧縮強さと曲げ強さは小さい。しかし，セルロース含量は多く，引張り強さは茎に劣らずに大きい。通導組織としての導管・仮導管は，根のほうが茎よりも水分通導に及ぼす重力の影響が小さいので，茎よりも根系のほうが直径は大きく，水が通りやすくなっている。枝幹には周皮（コルク層，コルク形成層およびコルク皮層）がよく発達するが，根では周皮の発達は弱く，コルク層は薄い。

なお，枝幹に形成される「不定根」は節，節間のどちらの形成層，篩部からも発生し，また癒傷組織（カルス）や木部柔細胞からも発生することがあるが，特に樹皮上に皮目を形成する皮目コルク形成層からは発生しやすいようである。水差しに枝を挿しておくと白い根が発生していることがよくあるが，これらの根を見ると，しばしば皮目から発生している。しかし，皮目から発生している不定根の根原基が皮目コルク形成層の細胞分裂でつくられているかどうかは不明である。ヤナギ類はかなり枝が太くなっても痕跡的な内鞘が篩部に残り，それが不定根の原基になると考えられている。ゆえに，常に茎内に根の原基をもっている状態にあり，それが挿し木の容易な一因となっている。さらにヤナギ類のような湿地に生育する樹木は池沼などで完全に水に浸かった状態でも育つが，それは皮層に通気組織をもち，地上でとり込んだ酸素を根端まで運ぶことができるためと考えられる。

(4) 内皮細胞壁のカスパリー線と細胞膜のはたらき

前述のように，水および水に溶けている物質は，表皮細胞の細胞壁および皮層組織の細胞間隙と細胞の細胞壁にはほぼ自由に入ることができるが，細胞膜の内部，すなわち細胞内に入るには細胞膜による選別作用を受けなければならない。しかし，一度細胞内に入った水は壁孔を通じて細胞から細胞へと移動し，細根の中心柱木部の導管あるいは仮導管内に入ることができる。皮層組織の細胞壁および皮層組織の細胞間隙を移動してきた水は，内皮にあるカスパリー線のために細胞壁あるいは細胞間隙の移動を阻止される。カスパリー線はスベリン（コルク細胞は細胞壁にスベリンが沈積した状態）あるいはリグニンが細胞壁の一部を埋めている状態で，水を透過させない。内皮には細胞間隙もないので，水が中心柱内

Column 14

スベリン

樹木の外樹皮はコルク化していることが多いが，樹皮がコルクとなるのは，細胞壁にスベリンという物質が充填されるからである。スベリンを木栓質ともいう。化学的には長鎖のヒドロキシ脂肪酸やジカルボン酸を構成要素とする重合体である。植物の表皮を覆うクチクラ層を構成するクチンと似た物質である。スベリンの名はコルクを採取する木として有名なコルクガシ（*Quercus suber*，常緑のナラ類）からきている。

Column 15

カスパリー線

カスパリー線をカスパリー帯ということもある。1865年にドイツの植物学者ロバート・カスパリーによって発見されたことからこの名がある。細根の内皮の薄い膜をとり出し，薬品で細胞膜とセルロース，ヘミセルロースを溶かすと，右図のようなカスパリー線のネットが残される。

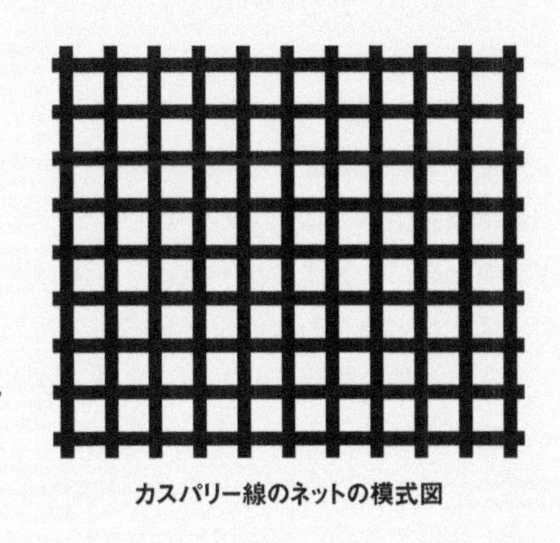

カスパリー線のネットの模式図

に入るには必ず内皮細胞の細胞膜内に入らなければならない。そのとき，細胞膜による選別を受け，不要な物質，毒性物質，多過ぎる物質，微生物などの通過は阻止され，必要な物質のみが通過できる。表皮細胞，内皮細胞などの細根細胞が外部から細胞内に物質を導入する際，大量のエネルギーを消費するが，そのエネルギーは呼吸から得られる。根における呼吸は，基本的に土壌水に溶けている溶存酸素を細胞が水とともに吸収することによって行われる。ゆえに，土壌水に酸素が十分に含まれていなければ大半の植物は呼吸ができず，呼吸ができなければ水および窒素・ミネラルなどの肥料成分を吸収することができない。また，土壌に水分が不足して乾燥状態に置かれると，植物の根は水分が吸収できないので，根端は呼吸もできなくなって窒息して枯れる。カスパリー線は，皮層最外層の外皮（表皮のすぐ内側）にも形成されることがある。

(5) 皮層通気組織

普通の樹木は水の停滞している池沼では生育できないが，ヤナギのような湿生樹木は生育できる。その理由は，根の皮層組織に細胞間隙が極度に発達し，通気組織となるからである。つまり地上部の枝幹の皮目から吸収された酸素が皮層の細胞間隙を埋める水に溶け，根の先端で水分が木部に移動し，皮層組織内の水分が根端に引っ張られて酸素が根の先端にまで送り込まれ，呼吸を助けているためと考えられる。普通の樹木でも，湿生植物ほどではないが，深く潜る垂下根の皮層組織には細胞間隙が発達する。たとえばマツ類は一般に深根性といわれているが，マツ類の根元に少々覆土するだけで枯れてしまうことがある。主に支持機能を果たすために発達する垂下根には皮層組織に細胞間隙が発達するが，垂下根の割合は根系全体ではごくわずかである。根系の大部分を占める，主に養水分吸収機能のために発達する水平根は，酸素が十分な浅い層に伸びていき，皮層通気組織はほとんど発達しないことが理由と考えられる。乾燥したところに生える樹木を湿った条件で生育させると，皮層に細胞間隙が発達する。このような細胞間隙は，酸素不足という強いストレス状態でエチレンが発生し，それによって細胞が破壊されるために生じると考えられているが，細胞の破壊には一定の規則性があり，生き残る細胞と死ぬ細胞が組織的に配列されているので，あらかじめ組み込まれたプログラムに則って細胞が死ぬと考えられている。

2 細根の構造と機能

(1) 細根先端の構造

細根先端の縦断面構造の模式図を図4-5に示す。先端部分にある根端分裂組織は盛んに細胞分裂を行って根を伸長させ，表皮細胞，皮層細胞，内皮細胞，内鞘細胞，中心柱細胞などの組織を形成していくが，根端分裂組織を覆っている根冠細胞は石礫や土壌粒子とぶつかって絶えず磨りつぶされるため，根端分裂組織は根冠を内側から絶えず補充する。根毛は表皮細胞が突起状に膨れ出したものである。

細根が組織化されると，外側から中心に向かって順に表皮・皮層・内皮・内鞘・中心柱と続く。中心柱は篩部・形成層・木部に分かれるが，成熟するにつれて形成層が一周するようにつながり，その外側に篩部，内側に木部を形成し，枝幹と同様の年輪形成を行うようになる。なお，内鞘は中心柱の一部とみなす考え方もある。

(2) 細根先端での水の移動

細根の大部分は比較的短期間で死んでしまい，長期に生き残り太くなるのはわ

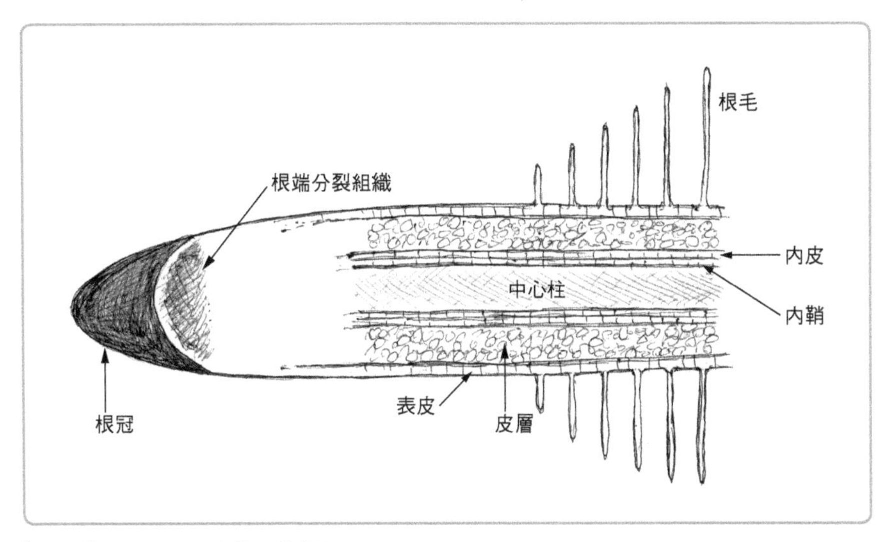

［図4–5］ **細根先端の縦断面模式図**

ずかである。ちょうど，苗木のときにあった細かな枝が成長過程でほとんど枯れてしまい，大きくなった木では根元近くに枝がないのと同様である。水や窒素やミネラルは根系のどこでも吸収されるのではなく，まだ最初の表皮が破られずに外樹皮（コルク層）が形成されていない細根部分（根端）でのみ吸収され，表皮が破壊されてコルク化した外樹皮が覆っている部分ではほとんど吸収されない。細根は成熟過程で次第に吸水能力を失っていくので，根系が水分を吸収するためには，常に先へ先へと細根をつくり続け，また細根の数を増やすために分岐し続けなければならない。

水とその溶存物質は，細胞壁がリグニン化，スベリン化していない細根の表皮細胞の細胞壁，およびその内側の皮層細胞の細胞壁と細胞間隙中では自由に移動できるが，細胞膜のなかに入るには細胞膜による選択作用を受けなければならない。コロイド状の物質は基本的に細胞膜を通過できない。また細胞内に十分ある物質よりも不足している物質のほうが優先的に通過できる。さらに有害な物質は通過を阻止される。水が中心柱の木部に達するには，木部細胞内の水の圧力が負圧（吸い込むような圧力）で，しかもその外側の細胞内の圧力よりも低い状態，つまり根の外側から木部までの間に水分圧力の下り勾配が必要である。それには枝葉からの盛んな蒸散による樹木全体の負圧状態がなければならない。

(3) 根圏

細根の先端は，根冠のすぐ内側にある根端分裂組織の盛んな細胞分裂によって常に前に押し出されるように伸長していくが，そのとき根冠は土壌粒子や石礫とぶつかり，根冠細胞は絶えず磨りつぶされ剥離する。剥離した細胞は細根の表面に付着する。細根からはさまざまな物質が分泌され，根冠細胞の死骸とともに複雑な有機物の世界をつくる。この微小な世界を根圏という。細根から分泌される有機物のなかに多様な有機酸がある。有機酸はキレート作用によってリン酸などの難溶化しやすい物質を吸収しやすくしたり，アルミニウムなどの毒性物質を無害化したりするはたらきがある。また根圏には無数の微生物が棲みついているが，そのなかには窒素固定機能をもつ細菌，藍藻，放線菌，古細菌も棲息している。これらの窒素固定微生物は，マメ科植物の根粒菌やアクチノリザル植物群のフランキア属（放線菌の一種）と異なり，根の組織には入り込んではいないが表面に付着して生活しており，根にアンモニア態窒素を供給し，代わりに糖などの物質を受けとると考えられている。さらに，根圏に生息する放線菌のなかには抗生物質を分泌して根の病原菌の繁殖を抑制したりするはたらきがあるものもいる。

Column 16

キレート作用

中心の金属イオンを挟むような形でイオンや分子が配位結合する作用である。キレートは蟹（かに）の鋏（はさみ）を意味するギリシャ語に由来するという。キレート化合物はキレート環をもつ錯体の総称である。キレート環とは，1個の分子またはイオンのもつ2個以上の配位原子が金属原子（イオン）を挟むように配位してできた環状構造をいう。植物根にとっては有毒な金属の吸収を妨げたり，逆に難溶性の物質の吸収を助けたりするはたらきがある。

Column 17

根圏

植物の根から分泌された炭水化物，アミノ酸，ビタミン，有機酸などと，脱落した自分自身の死んだ細胞によって，根端の細根のまわりに根圏という特殊な世界が形成される。根圏は半径数mmのごく狭い範囲である。根圏には極めて多様な微生物が生息しており，そのなかでも最もよく知られているのが窒素固定機能をもつアゾトバクター類である。昔，ソ連時代に農業の生産性を高めるためにアゾトバクター類を増殖させて農地の土壌にまいたが，結果は芳しくなかったという。その理由は，土壌中には無数の微生物が生息しており，そのなかには他の微生物を攻撃する微生物もたくさんおり，特定の種類の微生物が増えるのを妨げるはたらきがあるからである。

4.2 樹木の水分吸収機能と森林の保水力

1 樹木の水分吸収の必要性

森林は喬木，灌木，蔓，草本，蘚苔類，藻類などの多様な植物の集団であり，森林全体では膨大な量の有機物を生産し，その一部を樹皮，木材，茎葉，落枝落葉および腐植のかたちで蓄積している。森林植物は，生理機能を活性化し持続させるために根系を通じて水分を吸収し，茎葉で光合成のために消費してから残りの水を葉の気孔を通じて蒸散する。普通，葉から蒸散される水の量は，樹木が光合成で直接必要とする水の量の約100倍から200倍にもなるという。

なぜそのように大量の水を蒸散させるのであろうか。実は，森林土壌では土塊の隙間にある水（土壌水という）に溶けている窒素化合物（NO_3^-，NH_4^+）や各種ミネラル（リン酸，カリウム，カルシウム，マグネシウム，硫黄，鉄などのイオン）は極めてわずかしか存在せず，土壌水はほとんど真水と変わらないので，樹木が光合成とそれに続く代謝活動を正常に営むために必要なこれらの栄養塩類を十分に得るには，多量の水を吸収して葉から水を蒸散させなければならないからである。栄養塩類は水といっしょに蒸発することはなく葉内に残るので，盛んに蒸散することによって代謝に必要な栄養塩類を集めることができる。

もうひとつ大きな要因がある。それは，光合成には適した温度があるということである。日本に自生する植物の大部分はおおむね5℃が生理的0度であり，5℃以上で光合成を開始し，25℃前後のときに最も盛んに光合成を行い，25℃以上になると徐々に光合成速度が低下し，40℃を超えると急激に光合成速度が遅くなってしまう。直射日光に当たっている物体の表面温度は真夏などでは極めて高くなり，たとえば小石や鉄パイプなどでは50℃以上になる。強い日差しの日中に地面に転がっている小石にさわるとやけどをするほど熱くなっているが，同じときに生きた植物の葉の直射日光の当たっている部分を触ってもほとんど熱さを感じない。その理由は，植物の葉から大量の水が蒸散されていて，蒸発熱（気化熱）で葉面を冷やし，光合成を正常に行えるようにしているからである。

さらに，植物細胞は細胞内に十分な水分を保持することで膨圧を保ち，しおれや材の乾燥亀裂を防いでいる。そのためにも十分な水分吸収が必要である。

植物は大量の水を消費しなければその生理的機能を維持できないが，その水をほとんどすべて土壌から吸収している。しかし普通，森林樹木の根が伸びている部分の土壌を掘っても水が溢れ出るようなことはない。特に高温と乾燥が続く盛夏期に根のまわりの土壌を触ってみるとかなり乾燥しているのがわかる。高温乾燥のときにこそ大量の水を消費しなければならないのであるから，樹木はこの矛盾をどうにかして解決しなければならない。もし真夏の日中の高温時に土壌が乾きすぎていて根系が十分に水分を吸収できない場合，樹木は気孔を閉じ，葉柄の上側を成長させて葉を垂れ下がらせ，気温の高い昼の間の太陽直射光に対する葉面の角度を小さくして葉温の上昇を抑えるとともに，気孔の多い裏面を樹冠の内側に向けて風当たりを弱くして休眠状態に入る。

普通の樹木は淀んだ池の水中に根を伸ばすことはできないが，渓流の酸素が十分に含まれている水のなかには根を伸ばすことができる。渓流中で樹木が生活できないのは，水流によって根を固定させることができないからである。ヤナギ，ラクウショウ，メタセコイア，ハンノキなどの湿地生樹木は，樹皮のコルク層のすぐ内側の皮層に通気組織，すなわち大きな細胞間隙をもった皮層を発達させる

（図4-6）か，ラクウショウのように地面から空中に突き出た気根（膝根）の木部に細胞間隙を多くして材をすかすかにするかして，湿地においても根の先端にまで空気が送られる構造にしている（図4-7)。香料として有名な沈香を採取するジンコウ（ジンチョウゲ科の常緑高木）は熱帯の湿性な土壌環境に生育するが，その材は細胞間隙が多くしかも大きく，乾燥材は極めて軽いが，おそらくこのス

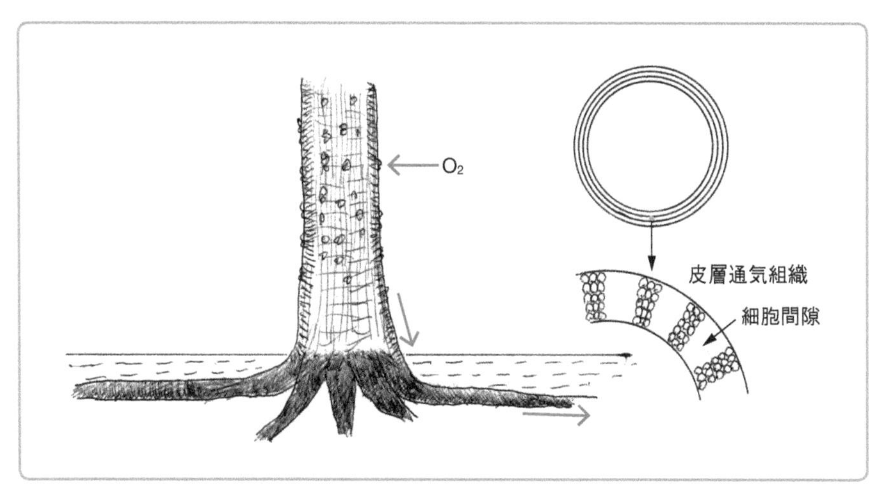

［図4-6］ **皮層を通じての，大気中酸素の根端への供給**

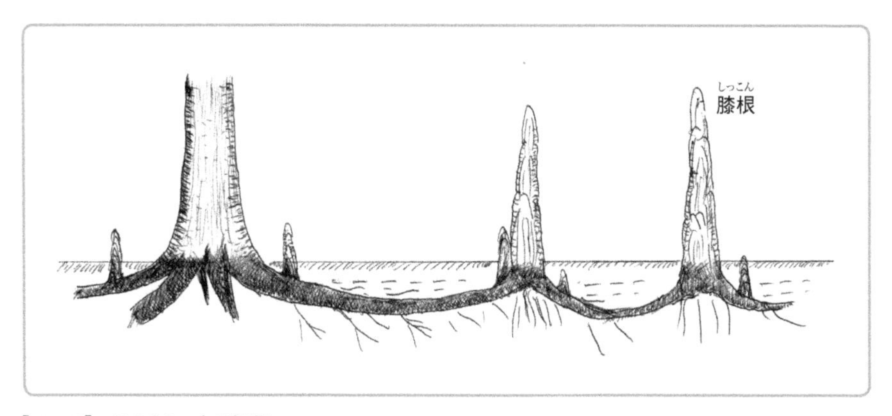

［図4-7］ **ラクウショウの気根**（膝根）

カスカ状態も通気の役割を果たしているのであろう。

2 森林における樹木の降水利用

樹冠に降った雨は，少量であれば枝葉に大部分が付着し，雨が上がるとそのまま蒸発してしまうので，樹冠下では土壌表面に到達する降水量は木のないところよりも少ない。また，森林内で林床にまで到達する雨水は，林冠に触れずに直接到達する直達雨，樹冠が十分に濡れた後に滴となって落下する滴下雨，茎葉にあたって飛沫となり散乱する飛沫雨，樹幹を伝わって流下する樹幹流に分けられる。樹幹流は根元から根系を伝わって細根にまで到達するので，樹木の生育には極めて大きなはたらきがあるが，まとまった量の降水がないと生じない。一方，根系は盛んに水を吸収しており，夏季乾燥期に細根のないところとあるところを比べると，ないところのほうが湿っている。林内と林外の土壌を比べると，林外のほうが地面に達する降水量は多く，樹木の根のないところのほうが土壌水分も豊かなことが多い。ただし，ススキのような丈高く成長旺盛な草本が密生している草地では，単位面積当たりの蒸散量が多いので，森林土壌に劣らず乾いている。一般的に，野原のなかで孤立して生育している樹木の根は，樹冠下に留まっていたのでは十分な水が得られないので，外へ外へと放射状に伸びていこうとするので，かなり広範囲に広がっていることが多い。

3 林内雨（林冠雨）と樹幹流

雨が降っても少量の雨の場合，雨水のほとんどは樹冠の枝葉に付着してからそのまま蒸発し，地面には落ちてこない。よって，樹冠に覆われている部分の地面と覆われていない部分の地面とでは，覆われていないほうが地面に到達する降水量は多くなる。さらに細根が水分を大量に吸収するので，細根のある場所とない場所では，細根のあるほうが乾いているのが普通である。ゆえに，樹木は基本的には慢性的な水不足に陥っているが，時折降るまとまった量の雨のときに，樹冠から滴り落ちる雨垂れ，すなわち“林冠雨”と，幹を伝わって根元に流れ落ちる“樹幹流”を効果的に集めて根系に供給し，その不足を補っている（図4-8）。樹

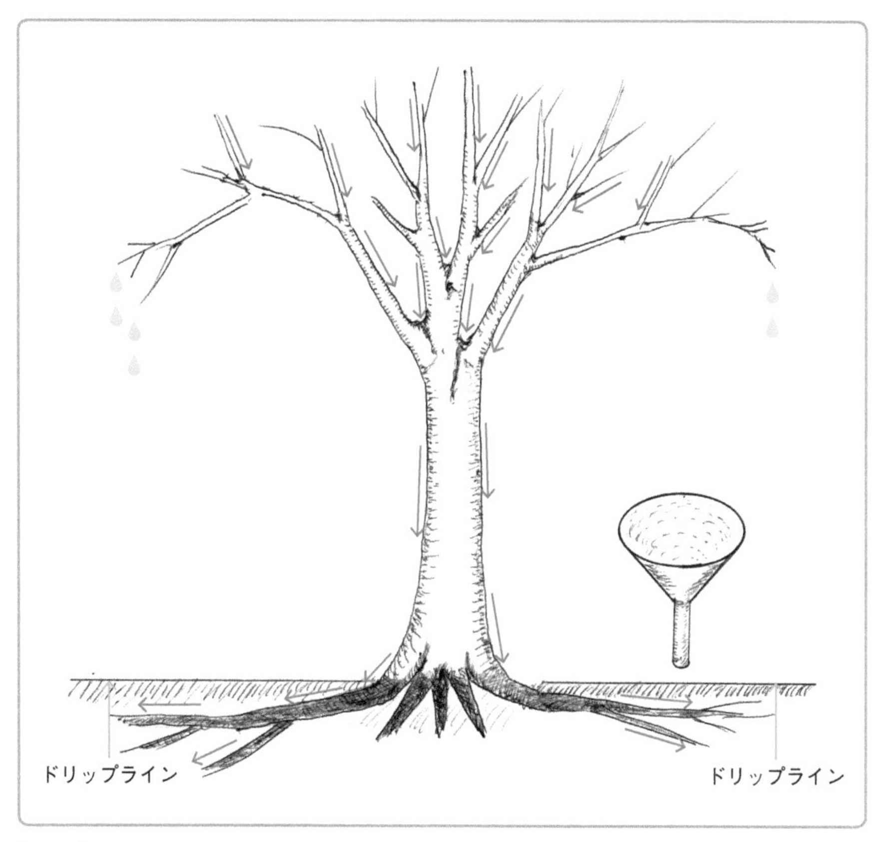

［図4−8］ **樹冠の枝ぶりは集水装置**

木の枝ぶりをみると，若い活力のある上部の側枝は斜め上方に伸びており，これが樹体全体で漏斗の役割を果たし，樹幹に雨水を集めて根元に供給している。根元まで流れ下ってきた樹幹流は根系に沿って先端の細根にまで到達して吸収され，さらにすぐには吸収されずにいる水も根系先端付近に集まり，次にまとまった雨が降るまでの間の水分供給源となる。また，下方に垂れさがった枝は，樹冠の範囲の細根の多い部分に雨垂れのかたちで水を供給している。樹冠から雨垂れが落ちてくる範囲の外郭線をドリップラインという。霧や雲の多く発生する山岳地域に生育する樹木は，枝葉で空中に漂う水滴を捕捉してドリップライン付近の根に供給しているが，特にスギのような針葉樹類は細い針葉を枝にたくさん着けることによって枝葉の表面積を大きくし，空中に浮かぶ微小な水滴を効率よく捕捉することができる。スギは水分を多量に要求する樹種であるが，天然スギのなかには尾根筋のような地形的に乾燥しやすい場所に生えているものがある。これはスギが雲霧の水滴を捕捉して根に供給し，見かけ以上に湿潤な環境を形成しているからであろう。世界で最高樹高になるセコイア（*Sequoia sempervirens*, 和名イチイモドキ）は北米大陸西端にある海岸山脈のカリフォルニア州中部からオレゴン州南部にかけて分布するが，この地域は太平洋から吹いてくる西風が山脈に当たって上昇気流となり，大量の雲が発生し，その水滴をセコイアの枝葉が捕捉して根元に供給している。このように降水として観測される以上の水を樹木が捕捉して森林状態を維持する森林を雲霧林という。雲霧林は世界各地にみられる。

4 季節による根の成長

日本のような気候下では，樹木の根には完全な休眠期はない。気温が氷点下になる厳冬期でも，根の先端（細根）は少しずつ伸びており，水を吸収している。もし水の吸収をやめてしまうと，たとえ真冬の休眠期であっても，地上部は強い季節風にさらされて少しずつ水分が抜けていくので，乾燥枯死してしまう。樹木の根が最も盛んに伸びるのは，日本では8月頃の暑く乾燥している盛夏期である。盛夏期は，樹木の枝幹の上長成長は止まっているが，光合成を盛んに行っており，蒸散も盛んで，光合成産物の多くは根の成長と枝幹の肥大成長に向けられ，残りを越冬に備えて柔細胞に蓄えていく。永久凍土地帯のように，厳冬期に気温がマイナス数十度にもなり深い層の土壌水も完全に凍結する地域では，たとえば東シベリアの落葉性針葉樹のダフリアカラマツや極地生ヤナギのように，完全休眠するごく一部の樹種しか生き残れない。

5 越冬中の根

寒冷地では冬季の間，樹木の地上部は休眠状態になっているが，強い季節風により樹体表面から水分が少しずつ抜けていく。表層土壌の水分が大部分凍結している積雪の少ない地方の厳冬期でも，根は完全な休眠をせずにわずかずつ伸長し，凍結していない微小な孔隙中の水を吸収している。厳冬期，樹木は地上部の柔細胞中の水分量を少なくし，また秋までに蓄積したでんぷんを可溶性糖（スクロース（ショ糖），グルコース（ブドウ糖），フルクトース（果糖）など）に変えて柔細胞の液胞中の糖濃度を著しく高くし，細胞液の凍結を防いで細胞が壊死しないようにしながら休眠している。根系の柔細胞は土壌や積雪によって厳しい寒さから守られているので，地上部ほどには糖濃度を高めず，真冬の永久凍土地帯や乾期の砂漠のような一部の地域・季節を除き，完全な休眠も行っていない。地上部のこのような高い糖濃度は越冬するには都合がよいが，成長活動を盛んに行うには不都合なので，樹木は早春，芽を開く前に根から水分を吸収し，また可溶性糖を不溶性のでんぷんに変えるなどして柔細胞内の糖濃度を下げて細胞活性を高める。新葉が展開する前のこの時期，樹体内の水分上昇は根圧（基本的には細胞間の浸透圧の差）によって行われているので，導管内の水には正圧（押し出すような圧力）がかかっている。寒冷地に生育するサトウカエデ，イタヤカエデ，シラ

Column 18

コロシントウリ

アフリカ南部の乾燥地帯に自生するスイカの原種コロシントウリの葉の表面温度が，茎についたままの状態と切り離した状態とでどのように異なるかを比較した実験では，日中，気温が50℃以上にもなるときでも，葉が茎についている状態では40℃以下を保ち，光合成機能を維持していたという。日本の植物でも，真夏の炎天下でも健全な葉の表面温度は25℃前後に保たれている。

なお，コロシントウリの果実は無毒のものもあるらしいが，大部分は有毒（猛烈に苦い）であり，草食動物も食べない。アフリカのマリ共和国の砂丘で初めてコロシントウリを見たとき，砂漠のなかにやや小ぶりだが立派なスイカが転がっているのに，なぜ誰も食べないのか？と不思議に思ったものである。

カンバ，オニグルミ，ヤマブドウなどの幹に穴を開けてチューブを差し込むと，ほのかに甘い導管液（すなわちカエデのメープルシロップなど）を採取することができる。しかし，これが採取できるのは葉が展葉する前の2週間ほどに限られる。春から秋にかけての，葉からの蒸散が盛んに行われている時期，根は盛んに伸長分岐し，細根部分を増やしながら盛んに水を吸収する。後述するように，微小な孔隙から水分を吸収するには細根のはたらきだけでは無理で，菌根菌の助けが不可欠である。

6 菌根のはたらき

樹木は毛管孔隙中の水を吸収するために，細根の表皮細胞から根毛という微細な突起を無数に伸ばしている。根毛が微小な孔隙中に入り込んで水分を吸収すると，細根に接する部分の水分が減少して水分張力が高まり，その結果，芋づる式に水分が周囲の土壌から引っ張られて移動する。これによって樹木は直接根系が接していない部分の水分も利用することができる。しかし，根端の水分を吸収することのできる範囲は狭く根毛は短いので，あまり効率よく水を吸収することができない。ゆえに菌根のはたらきが極めて重要となる。菌根には多様な種類があり，肉眼で確認できる外生菌根（図4-9）や肉眼では確認できない内生菌根などがあるが，すべて

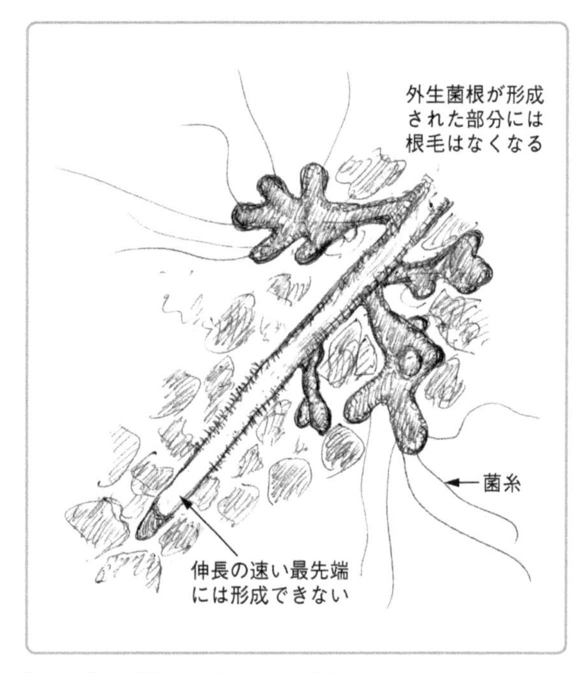

［図4-9］ 根端に形成される外生菌根

根系先端の細根部分にのみ形成され，すでにコルク化した部分には形成されないので，菌根が形成される部分は絶えず生滅をくり返しながら少しずつ移動している。菌類は細根を菌糸で覆ったり，あるいは細根組織のなかに菌糸を侵入させたりして，樹木から糖やアミノ酸などの栄養物を受けとり，一方では肉眼では見えないほど細い菌糸を土壌の毛管孔隙中に無数に伸ばして毛管水を吸収し，根に供給している。菌根菌は水分ばかりではなく，窒素などの栄養塩類も効率よく吸収するが，特に植物が最も吸収しにくいリン酸を吸収して植物に供給するはたらきがある。さらに，樹木の生育環境が不良になったとき，たとえば過湿状態で根系が酸素欠乏に陥ったとき，菌根菌は酸素の多い部分にまで伸びて酸素を吸収し根に供給する，というはたらきを示すことがある。ダム湖が満水になって根元が長期間湛水状態になっているのに生き続けているスギを見かけたことがあるが，おそらく菌根菌の助けによって生きているのであろう。

回遊式日本庭園などでは池の畔にクロマツが植栽されていることが多い。昔造られた池の底や側面は漏水防止のために厚い粘土層となっているので，池畔の土壌は通気透水性が不良で酸欠状態になっている可能性が高い。推測であるが，根系の酸素要求量の多いクロマツがこのような条件でも生きていられるのは，菌根菌のはたらきが大きいのであろう。菌根菌として最も有名なのはマツ類の根と共生して外生菌根を形成するマツタケ菌であるが，ほとんどすべての樹木がさまざまな菌類と共生して多様な菌根を形成している。もし菌根が形成されなければ，高木性の樹木も大きくなれず，せいぜい大低木程度にしかならないであろうと考えられている。図4-10に肉眼で識別可能な外生菌根の形態の例を示す。

7 毛管孔隙水の利用

日本のような多雨気候でも，樹木が大きく成長するために必要な水はそれだけでは不足する。そこで樹木は，地下水脈から毛管現象で上昇してくる水や土壌の小さい隙間に保持されている水を利用しようとする。ところが，毛管現象によって水を上昇させたり長時間保持したりすることのできる土壌の間隙，すなわち毛管孔隙の直径は細根の太さに比べてずっと小さく，おおむね0.1〜0.06 mmなので，毛管孔隙のなかに細根を直接伸ばすことはできない。土壌孔隙は

- 重力によって水が上から下に向けて速やかに浸透移動する直径0.6 mm以上の，毛管現象を示さない大孔隙（粗孔隙）
- 下方への浸透機能と短期的な貯留機能の両方をもつ0.6～0.06 mmの，若干の毛管現象を示す中孔隙
- 水がごく緩やかな動きをして水分貯留の主要部分を担う0.06～0.006 mmの，毛管水供給機能として最も重要な小孔隙（細孔隙）

の3つに区分されている。0.006 mm以下の微小な孔隙中の水分は孔隙の壁の土壌粒子と強く引き合っていて重力の影響を受けず，植物にとっても利用困難とされている。これらの区分は粘土粒子の性質や多少によって大きさが若干異なる。大

Column 19

pF

自由水と土壌粒子がどれくらいの強さで結びついているかを示す単位にpF（potential of Free water）がある。pFは土壌粒子と水の結びつきの強さ（負圧＝引っぱり合う力）と同じ絶対値の水柱の底面にかかる水圧の大きさを水柱の高さの常用対数で表したものである。たとえば，高さ10 cmの水柱の底面にかかる水圧と絶対値が同じ力で引き合っている場合，10 cm＝10^1 cmなので，pF＝1，高さ100 cmの水柱の底面にかかる水圧と同じ絶対値で引き合っている場合は100 cm＝10^2 cmなのでpF＝2，水柱1,000 cmの場合はpF＝3となる。植物が吸収する間もなく下方に移動してしまう水を重力水といい，おおむねpF1.5～1.7以下である。植物が吸収しやすい水を毛管重力水といい，おおむねpF1.5ないし1.7～2.7である。pF2.7～4.2を毛管水，pF4.2以上を結合水という。植物の種類や土性によっていくらかの差はあるが，植物の水分吸収が困難になるpF3.8を初期萎凋点，植物が水分吸収できないpF4.2を永久萎凋点といっている。近年pF単位は使われなくなり，代わりにPa単位で表すことになっている（吸引力なので－符号がつく）。pF1.5≒－3,100Pa，pF1.7≒－4,900Pa，pF2.7≒－49,100Pa，pF3.8≒－620,000Pa，pF4.2≒－1,550,000Paである。

孔隙や中孔隙は土壌水分に酸素を供給し，二酸化炭素を大気中に拡散させたり地下に排出したりするはたらきがある。土壌水にはこのほかに土壌粒子と化学的に結合しているものがあり，これは植物がまったく利用できない水である。なお，植物が利用可能な毛管孔隙水以上の水を自由水，土壌粒子の分子と化学的に結びつき，植物がまったく利用できない水を結合水という。結合水は土壌塊を風乾しただけでは抜けていくことがない。

8 腐植のスポンジ効果と岩盤の保水力

樹木が生活するには水が不可欠であるが，日本のように雨の多い地域でも，樹木は多大な努力をして水を集めている。特に傾斜地では雨はすぐに表面流去してしまうので，傾斜地に生育する樹木にとっては，雨が多量に降ってもそれだけでは足りないのが普通である。土壌表面に降った雨水が土壌表面を流れずに土中に浸み込み，浸み込んだ雨水が土中に保たれ，あるいは地下深くに浸透して地下水を涵養し，地下水面から毛管現象で上昇して樹木に供給され続けなければ，大台ケ原や屋久島のように年間4,000～5,000 mmもの降水量がある地域でも，樹木は十分に水を得ることができない。そこで問題となるのが森林の保水力，正確には“土壌と岩盤”の保水力である。

森林の保水力を考える場合，まず森林土壌が雨や雪の水を速やかに下方に浸透させることができるか，ということが問題になる。土壌表面に降った水がそのまま斜面を流れ下ってしまったのでは，植物は水を十分に利用できず，地下水も涵養されない。雨水が速やかに土壌中に浸透していくには，まず土壌表面が落枝落葉の堆積物と，それらが微生物によって分解されてできる腐植によって覆われ，また林床植生の発達により大粒の雨滴の衝撃でも土壌粒子が跳ね上がって浸食が進むことがなく，また水をすぐに吸い込むことのできるスポンジ状になっていなければならない。山の斜面では，林床に生育する多様な草本類や灌木類の茎葉や根あるいは菌類の菌糸層が，スポンジのはたらきをする堆積物の流去を抑制している（図4-10）。

さらに，土壌中を水が速やかに下方に移動するための大きな孔隙が連続して地下水面まで続いていなければならない。普通，樹木の盛んな蒸散によって森林土

［図4−10］ **林床に堆積した有機物の流去を抑える灌木・草本の茎葉と根系**

壌の孔隙はかなり乾いているが，それによって大雨のときにも水を速やかに地中に浸透させることができる。もし土壌が乾いていなければ，水をたっぷりと含んだスポンジのように，それ以上水を吸収することができないであろう。長雨の後の土砂崩れの発生は，粗孔隙にも水が満ちて土壌が雨水をそれ以上吸収できず，過剰な水により土壌粒子どうしの粘着力が低下し，浅層の地下水位が上昇して表層土壌に大きな浮力が生じ，不透水層と根系分布層との間に滑り面が生じたときに発生しやすい。

根が養水分を吸収するためには多大なエネルギーが必要で，そのエネルギーは酸素呼吸によって糖を分解することから得ているが，根の呼吸は吸収する水に溶けている酸素，すなわち溶存酸素で行われており，空気中の酸素を直接吸っているわけではない。ゆえに，樹木の根が健全に生活するためには，降った雨を表面流去させずに下方に浸透させるふかふかのスポンジ状態の有機物層，土壌中に水を保持するたくさんの毛管孔隙（細孔隙），および降水が土壌中を速やかに下降して地下水を涵養するとともに，土壌水分に新鮮な酸素を供給する大きな孔隙

(粗孔隙), の3つが揃う必要がある。加えて土壌の下の岩盤に亀裂が豊富にあって十分に水が下方に浸透し地下水脈を涵養できることが必要である。ある意味でとても贅沢な土壌環境であり, そのような条件をすべて備えているのがよく発達した森林土壌である。

ブナ林などの天然生落葉広葉樹林とスギ・ヒノキ人工林とを比べて, 落葉広葉樹林のほうが保水力が高いとしばしばいわれている。落葉広葉樹林と針葉樹林の違いが土壌に与える影響として, 表層の有機物層 (O層あるいはA_0層, 図4-11) の違いがある。針葉樹林の落枝落葉を主体とする場合, 有機物層はモル型となり, 落葉広葉樹林ではムル型となる。

モル型とは, 尾根筋などの乾燥しやすい地形や寒冷地の針葉樹林において, 落枝落葉などの有機物の分解が遅く, 全体に有機物層が厚く堆積し, 菌類の菌糸網層が形成されて雨水の下方への浸透が妨げられ, さらに腐植化が遅いために鉱質土層への有機物の浸透が遅い (A層が薄い) 土壌である。

ムル型とは, 温暖湿潤な土地の広葉樹林で発達しやすい。有機物の分解が速いために, L層 (落枝落葉層) は明瞭であるがF層 (発酵層) とH層 (腐植層) は不明瞭で, 鉱質土層への有機物浸透が速やかであり, A層は比較的厚い土壌である。

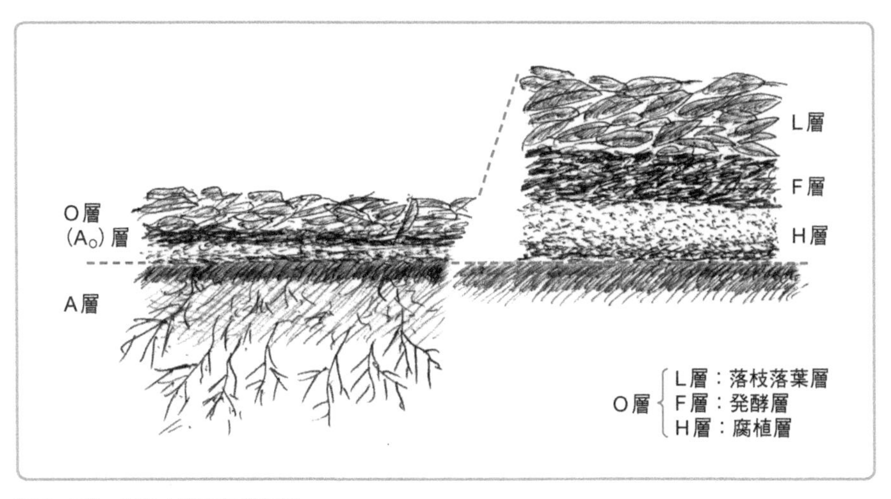

[図4-11] **森林土壌の有機物層**

腐植の形態にはモル型とムル型の中間のモダー型もある。寒冷地や乾燥地の落葉広葉樹林で発達しやすく，L層，F層，H層の区別は明瞭である。

［写真4-2］ **モダー型の有機物層をもつ針広混交林**
〔©川内村観光協会〕

森林生態学的にみると，針葉樹と広葉樹の最も大きな違いは，前述のように斜面における根の形である。広葉樹は斜面の山側（その木より上側）に広く扇型に樹体を引張り起こすような根を発達させるのに対し，針葉樹は谷側（その木より下側）に下から支える根を発達させる。ちょうど樹木を支える丸太支柱は土壌に突き刺さっているだけでよいのに対し，ワイヤーロープはしっかりとした大きなアンカーと結びついていなければ抜けてしまうのと同じ理屈である。この根系の形の違いが斜面の表層土壌を保持する機能の差として現れ，ひいては崩壊を防ぐ機能の差となり，広葉樹林のほうが土壌表面の崩壊が少ないといわれる理由になっていると考えられる。しかし，たとえ針葉樹人工林であっても，適正な密度が保たれて樹冠がよく発達し，個々の樹木が盛んに光合成を行っていれば，根に供給される同化産物も多く，また風で木も適度に揺れるので，樹体を支えようとする根系もかなり広く深く張り，しかもほかの個体の根と接触した根は同種であれば簡単に癒合して林分全体で大きな根系ネットワークを形成する（図4-12）ので，広葉樹林より表面の土壌が崩れやすいということはない。広葉樹林であっても表層土壌の流出や崩落は生じる。ゆえに，この根の形の違いは森林の保水力といくらかの関係はあるものの，決定的な差とはなっていないと考えられる。

森林水文学などにおける科学的調査の結果を総合すると，たとえスギやヒノキの人工林であっても，よく管理されて立木密度が適正に保たれ，林床植生が豊かな状態であれば，天然生広葉樹林に劣らない浸透力のあることがわかっている。時折，天然の針葉樹林における土壌浸透能が天然広葉樹林より小さいという調査結果が出ることがあるが，それは，現在，日本に残されている天然の針葉樹林の

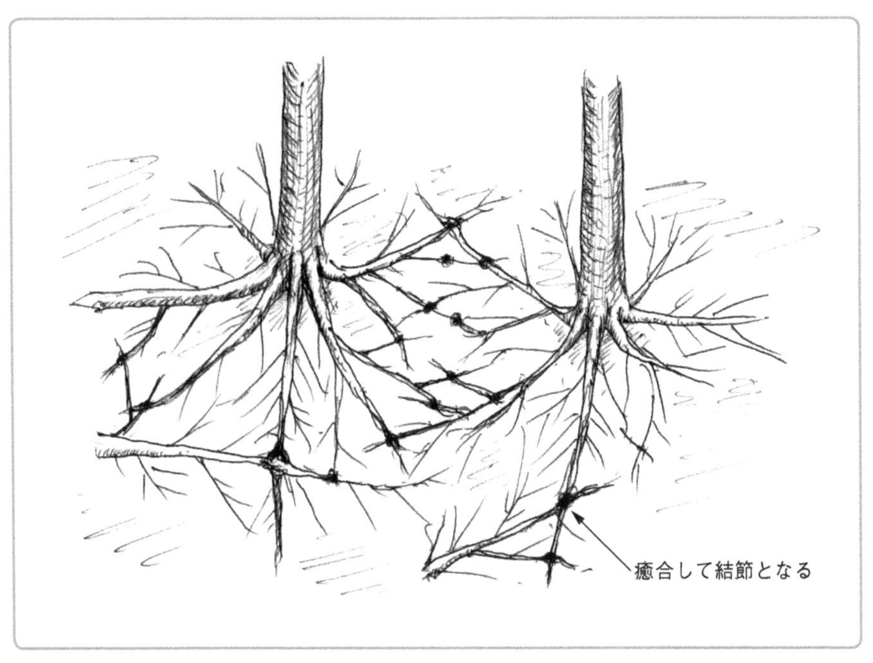

［図4-12］ **スギ人工林の根系ネットワーク**

ほとんどが，尾根筋や急斜面のように土壌層が薄く硬い岩盤の上に成立しているためであり，針葉樹林だから天然落葉広葉樹林よりも保水力が劣る，ということではない。スギ・ヒノキ人工林で問題になるのは，林業が経済的にほとんど成り立たないために放置され，間伐や枝打ちがなされずに過密状態になり，林床が暗くなりすぎて林床の灌木や草本が消滅し，表層土壌のスポンジ効果もなくなってしまい，表面流去水によって土壌が流され，植林木の根が露出して風倒しやすくなったり石礫が落下しやすくなったりすることである。そのことが山地における水収支や洪水発生に大きな影響を与えていると考えられる（図4-13）。

乾燥が続く盛夏期，中腹や谷の山道を歩いていると，ところどころに水が湧き出しているのを見かける。渓流の水は雪解け時期や梅雨期よりは少ないものの，かなりの量が流れている。この水はどこからくるのであろうか。森林の土壌を掘っても水が湧き出すわけではないので，これまで述べてきた森林土壌の保水力だけ

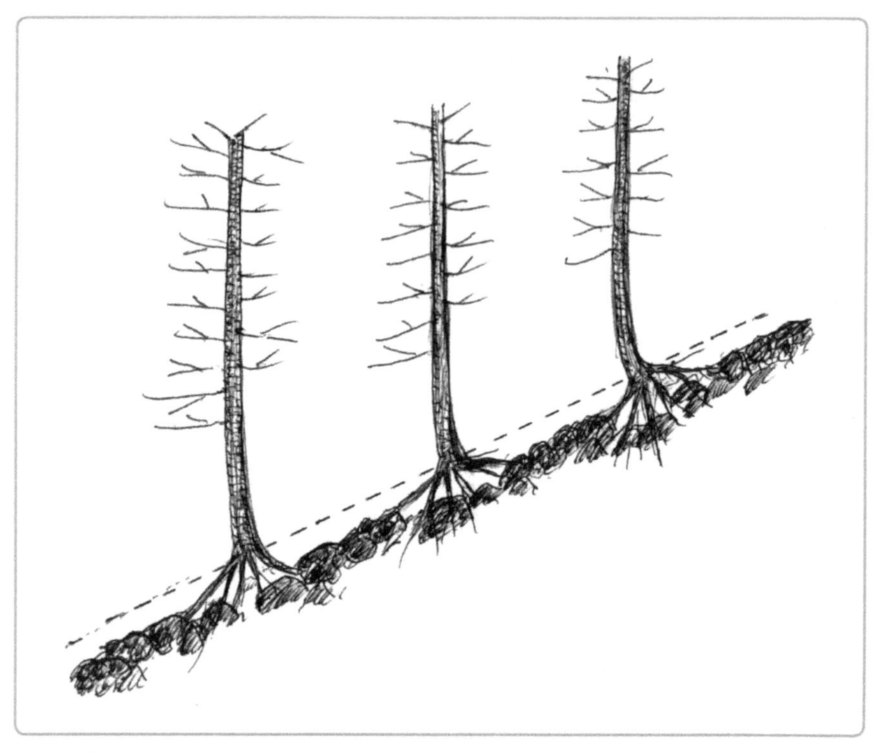

［図4-13］ **過密な針葉樹人工林での表土流亡**

では説明できない。雨水が岩盤の亀裂を通して下方に浸透し，不透水層の上の砂礫層に貯留され地下水となり，それが砂礫層の傾斜にしたがって徐々に流れ出しているのである。谷に湧き出る地下水が豊富か否かは地形，不透水層の位置と傾斜度，傾斜方向，供給される水の量，岩盤の亀裂の多さと深さ，水が貯まる砂礫層の有無，流れ出る速さなどによって決まる。前述のように，山の斜面形状には水を集めやすいかたちと水を集めにくいかたちがある。また，ある沢では水が豊富に湧き出しているのに，同じような地形の別の沢では湧き出ない，ということがしばしばみられる。これは不透水層を形成している地層の傾斜方向（走向と直交方向）が深く関係している。不透水層を成す地層が傾いている場合，ある沢では豊富に水が湧き出し，同じ山の反対側斜面の沢では，水は豪雨のときにしか流れない，ということがある。森林の保水力は，地形，地質，岩盤の風化度，林床植生，土壌状態などが複雑に絡み合って決まるものであり，どれかひとつが変わっても大きな影響が出るものなのである。ブナ林は他の森林よりも保水力が高いとしばしばいわれるが，ブナ林に変えれば土壌の保水力が高くなるのではなく，ブナは水分要求量が多いので，水分を比較的多く含む土壌あるいは降水量の多い立地条件に成立しやすい，と考えたほうがよいであろう。ブナは特別な木ではない。

Chapter 5

樹木土壌学の土壌調査法

5.1 土壌調査の意義と目的

土壌は樹木の成長と極めて深い関係をもっている。土壌の成立は気候，地形，地質，植生と関係が深いが，これらの因子は樹木の成長に直接的な影響も与えるので，土壌型のみの違いで樹木の成長がどのように異なるかを決めることはできない。しかし，スギ，ヒノキなどの林木の成長と土壌型をもとにした地位指数の関係についての調査結果をみるかぎり，土壌型が樹木の成長に大きな影響を与えているのは確かであろう。

日本の土壌における林木の生育をみると，一般にポドソル土はやせているので成長が遅く，褐色森林土は比較的肥沃なので成長が良好であり，赤黄色土はやはりやせているので不良であり，火山起源の火山灰は新鮮な場所ではやせており，年代的に古い火山灰ほど肥沃で良好といわれている。しかし，それぞれの土壌型は乾燥タイプから湿潤タイプまで多様であり，乾燥タイプと湿潤タイプとでは樹木の成長状態がまったく異なっている。一般的には適潤型（たとえばBD）が最もよい成長を示すとされているが，樹種によっても異なっている。また，黒色土を例に挙げても，新鮮な火山灰状の黒色土と風化の進んだ火山灰の黒色土とでは，風化の進んだ火山灰のほうが成長良好であり，降下粒子の大きい火山近くの黒色土よりも火山から遠く粒子の小さな黒色土のほうが成長のよい傾向がある。

さらに，土壌が人為的にどのような影響を受けているかによっても成長がまったく異なっている。たとえば，切土地と盛土地とで樹木の成長はかなり異なり，普通は盛土地のほうが良好である。しかし，盛土地でもブルドーザーのような重機でくり返し転圧（ランマーなどで締め固める場合は填圧と書く）する場合と転圧の弱い場合とではまったく異なってくる。土層の厚さ，土性，構造，硬度，通気透水性，停滞水の有無，地下水の高さなどによっても樹木の成長はかなり異なってくる。

応用土壌学的な土壌調査は，断面観察と採取土壌の分析によって，前述のような要素を把握し，土壌とその土地に育成する植物の成長の関係を明らかにする目的で行う。土壌調査は次に示す手順を踏むのが理想的であるが，ここに示す方法のすべてを行うのは調査時間が長くなりすぎるので，普通は簡略的な方法で行われることが多い。なお，採取土壌の分析よりも現場での断面観察のほうが得られる有用な情報が格段に多いので，筆者の経験から現場での観察を重視し，土壌サンプルを採取して物理的，化学的分析を行うことを省略することが多い。

5.2 調査の手順

対象地全体とその周囲を把握できる地形図，地質図，植生図を入手して文献から得られる情報を整理し，次に地形，地質，気候・気象，植生などの概査でだいたいの立地環境を把握する。さらに調査対象とする場所の周辺を踏査して微細な地形的変化，植生などを把握してから検土杖，各種の土壌貫入計等を使って面的な土壌状態を調べ，その結果から断面設定箇所を最終決定する，というのが本来のあり方である。しかし，調査に熟練すると，感覚的に断面観察すべき場所がだいたいわかってくるので，このような事前調査は省略されることが多い。

1 断面観察の道具

山中式土壌硬度計，山中式土壌透水通気測定器（現在はほとんど使われていない），土壌通気透水測定器（各種あり），標準土色帖，ルーペ，100 cc採土管（コアサンプラー），採土器・採土補助器，検土杖，土壌貫入計（各種あり），ビニールテープ，採土用ビニール袋，筆記具，スコップ，鉈，山菜ナイフ，ねじり鎌，バケツ，10 cm間隔で色分けしたグラスファイバー製折り尺，リボンテープ，測量用スタッフ，クリノメーター（方位磁石，角度計），剪定鋏，鋸，雑巾，カメラ，写真撮影用レフ板，野帖，筆記具，α-α'ジピリジル液，マンガン検出試薬，pHメーター，ECメーター，ビニールシート，水を入れたポリタンク，懐中電灯あるいはヘッドランプ，軍手，タオルあるいは手ぬぐい，ビニール合羽，長靴などを必要に応じて取捨選択し用意する。

2 断面の設定

断面調査をどこで行うか，どのような内容とするか，何箇所設定するかなどは調査の目的や求められる精度によって異なるが，樹木の水平根の垂直的分布状態を知りたい場合は，太根を傷めないように根元近くを避け，しかし，根系の先端は届いているような場所で行うのがよい。

観察断面の大きさは決まっていないが，日本では深さ1 m程度，幅1 m程度と

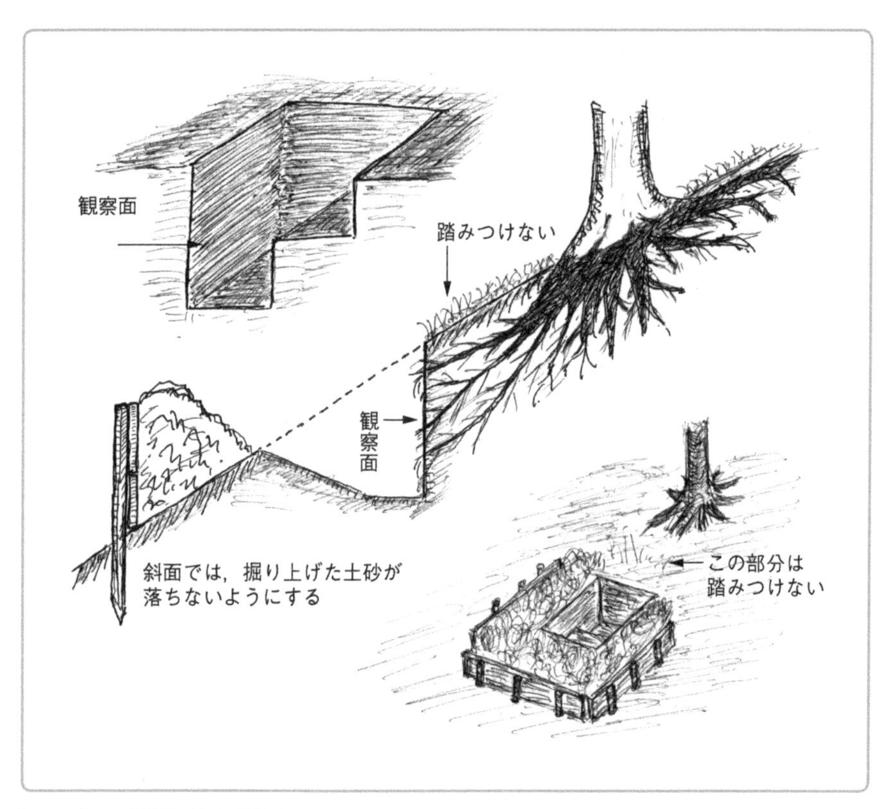

［図5−1］ **土壌観察断面の設定**

することが多い。しかし，断面は大きいほうが得られる情報も多くなるので，海外では深さ1.5 m以上とすることがある。筆者も深さ2.5 m，幅5 mほどの断面を観察したことがある。ただし，日本の山間部では，表面に岩盤が露出していたり10 cmも掘れば岩盤が出てきたりする場所が珍しくないので，1 mも掘れないことが多い。また，斜面などで崩れやすい場合は断面を観察可能な最小限の大きさとしたり，設定断面の谷側に簡易の土留め柵を設けて掘り上げた土砂の落下を防いだりすることも必要であり（図5–1），根系を傷める恐れがある場合も必要最小限の大きさとしなければならない。さらに，停滞水や地下水が湧出したりする場合も調査可能な範囲でとどめる。

さらに，設定断面の前方は植生状態の観察も同時に行うので，踏みつけたり草を刈りとったり，掘りとった土壌を盛り上げたりしないように注意する。

3 断面の観察方法

調査票の形式は調査の目的によって異なるが，一般的な観察項目は層位区分，母材，土色（標準土色帖使用），硬度・緻密度・緊密度（硬度計使用あるいは指感），透水・通気性（土壌通気透水測定器等を使用），石礫層・硬盤の有無，土性（指感），土壌構造，礫含量，孔隙量，水湿（水分量），溶脱集積層の有無，菌糸・菌根の有無，草本の根と木本の根の有無と多少などを目視観察する（図5–2）。

最初に山菜ナイフ，ねじり鎌，剪定鋏などで断面を整えてから，10 cmごとに色分けした折り尺などのスケールを当ててスケッチと写真撮影を行うが，断面に直射日光が当たっている部分と影になっている部分があるとコントラストが強すぎてよい写真が撮れないので，そのようなときは白色不透明のシート，傘などで直射日光を遮るようにするとよい。また断面が暗すぎるときはレフ板などを使って断面に光を当てるようにする。

土壌分類基準や断面観察の方法については，ここでは現場で行う判定をごく簡単に紹介するにとどめる。

(1) 堆積様式の観察

観察対象とする土壌がどのようにして堆積したかを観察することによって，土壌の成因と樹木の生育との関係を判断することができる。第3章にも書いたが，

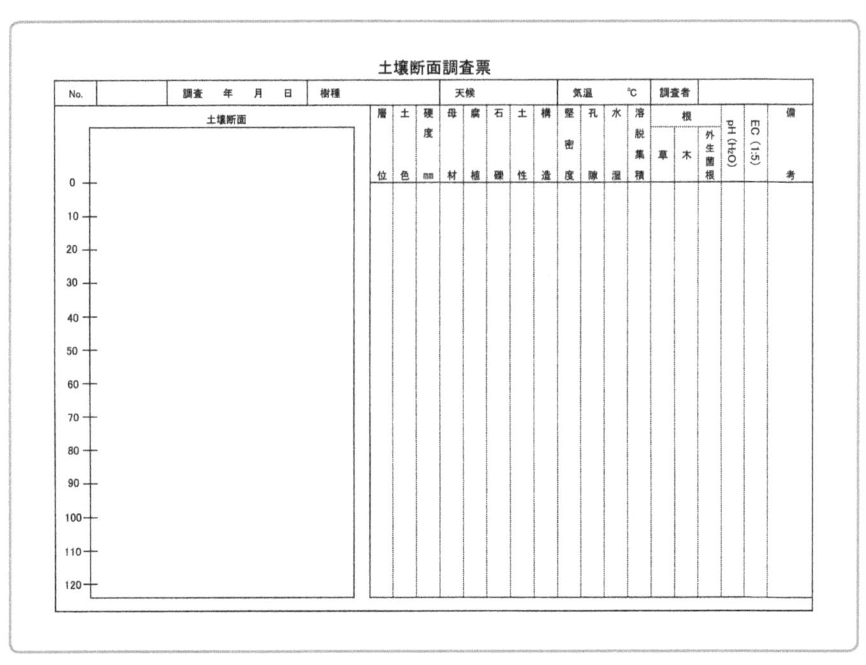

土壌断面調査票

No.		調査　年　月　日	樹種	天候	気温　℃	調査者	

土壌断面

0
10
20
30
40
50
60
70
80
90
100
110
120

層位	土色	硬度 mm	母材	腐植	石礫	土性	構造	堅密度	孔隙	水湿	溶脱集積	根 草	根 木	根 外生菌根	pH (H_2O)	EC (1:5)	備考

［図5-2］ **土壌断面調査票の例**

次に再掲する。

- **残積成土壌**：母岩が同じ場所で風化して形成される（斜面上部，山頂平坦面）。
- **運積成土壌**：上方から土砂が移動して下方に堆積する。

　重力成土壌：斜面を重力によって移動し堆積。

　　匍行土壌：土層の上下が徐々に混じり合いながら斜面上を少しずつ移動しつつ形成される。

　　崩積土壌：上方から土砂が崩落して堆積する。礫や砂が選別されずに混じって堆積している。土石流のように大量の水流（鉄砲水）も関係することが多い。

　水成土壌：土砂が水流によって運ばれて堆積しているが，粒子の大きさ別，重さ別に選別され，粒子の大きいものは水流の近くに沈降し，粒子の小さいものは遠くに沈殿するが，洪水による堆積ではそれらが混じり合っている。

海成土壌：砂州・砂嘴（さし）。海岸砂丘は河川から供給される土砂が海流で汀線に運ばれて堆積し，海風で少しずつ内陸に運ばれる。河川が短く海まで運ばれる時間が短いと砂ではなく，円礫の海岸となる。

河成土壌：扇状地・三角州・河床・自然堤防・後背湿地

湖沼・沼沢地成土壌：湖岸砂丘・湿地植物の遺体と上流から運ばれてきた細かい鉱物粒子が混じりながら年々堆積して形成される。

段丘成土壌：水流によって土壌が削剥（開析）された部分に形成される。

氷河成土壌：氷河の移動により削剥された砂礫が，氷河の後退した部分に残される。日本にはほとんどみられないが，ごく小規模なものが飛騨山脈，日高山脈にみられる。水流による選別はないので，大小の角礫が混じっている。

風積成土壌：火山灰は日本では偏西風で運ばれやすいので，火山灰土は火山の東側に形成されやすい。

集積成土壌：低温，過湿などにより草本由来の有機物の分解速度が極めて遅く，堆積速度のほうが速いときに形成される。低位泥炭・中間泥炭・高位泥炭に区分される。

農耕地土壌：自然に形成された土壌を人が耕耘や植付け，施肥などをくり返し行うことによって形成される。場所が変わっても一定の傾向をもち，水田土壌・畑土壌・樹園地土壌・牧草地土壌と，それぞれに特徴がある。農業の近代化により機械で耕耘するのが普通となったので，作土層の下（おおむね深さ20 cm以下）は固結していることが多い。このことが作物の根の発達に影響している。

人工造成地：人為的に形成される土壌である。性質が極めて多様で一定の傾向を見つけることが困難であり，ほとんどの場合，自然の土層は残されていない。切土地・盛土地・埋立地（建設残土，海底浚渫土砂・ごみ）・道路法面・干拓地など

(2) 土壌浸食の種類と程度

土壌が傾斜地に成立していたり，定期的に除草されたり，常時清掃されたりしている場合，表面浸食を受けていることが多い。浸食は樹木の成長に大きな影響を与えるので，その有無を確認する。浸食様式は次のように区分し，またそれぞれを極微，軽度，中度，強度に区分する。

• **水食**

　シート浸食：薄く表面的な浸食。

　リル浸食：小さな溝ができる浸食。

　ガリ浸食：深い溝ができる浸食。

　地滑り：土層とその下の岩盤との境目に水の膜が生じて斜面全体が滑落移動する。

• **風食**：風による浸食である。太平洋岸では，初春の作物のない時期の農耕地や学校のグラウンドで，強風に巻き上げられた砂塵がしばしば発生するが，これが典型的な風食である。武蔵野台地の土壌の基本は黒色土（黒ボク）であるが，農耕地で黒色の土層が薄いのは，この風食が関係していると考えられる。風食の大規模なものは砂漠地帯や砂漠化地帯でみられ，ユーラシア大陸の内陸で発生した黄砂はしばしば日本にも飛んでくる。北海道では春の土ほこりが舞うほどの強風を，乾いた馬糞も飛ばすので馬糞風と呼んでいる。

• **崩落**：急傾斜地で発生する。

(3) 土壌鉱物の母材

土壌生成作用により形成された土壌層が発達するときの材料となった細かく砕かれた鉱物を母材という。岩石は土壌の母材となる前に，物理的な風化だけではなく，多少なりとも化学的な風化を受けている。母材はおおむね次のように区分される。

• **非固結火成岩**：火山岩・火山砕屑物・火砕流堆積物・火山礫・軽石・スコリア(岩滓)・火山灰など

• **固結火成岩**：集塊岩・流紋岩・安山岩・斑岩・花崗岩・玄武岩・閃緑岩・輝緑岩・斑糲岩・橄欖岩など

• **非固結堆積物**：礫・砂・シルト（微砂）・泥・崖錐堆積物・土石流堆積物

• **固結堆積岩**：礫岩・砂岩・泥岩・凝灰岩（凝灰岩は火山灰が風積あるいは水積後に固結化した火山性のものであるが，生成過程から堆積岩に分類される）・頁岩・粘板岩など

• **半固結・固結堆積岩**：礫岩・砂岩・シルト岩・泥岩・石灰岩など

• **変成岩**：ホルンフェルス（接触変成作用によって形成される，組織に著しい方

向性のない変成岩の総称）・チャート（大洋プレートの海底に溜まった放散虫などのケイ酸質の生物遺体が堆積固結化したもので，日本では中央構造線の南側の付加体と呼ばれる地層にみられる）・珪岩・スカルン（石灰岩や苦灰岩が接触変成作用や広域変成作用を受ける際に多量のケイ酸と反応して生成される，カルシウムを主成分とするケイ酸塩鉱物）・結晶片岩・片麻岩・角閃岩など

- **植物遺体**：高位泥炭・中間泥炭・低位泥炭など

⑷ 層位区分

人為的撹乱を受けていない自然の残積土壌（図5-3）では，一般的に上層から順に下記のように区分するが，人為的撹乱や上方から土砂が被さっているような断面では，上から順にローマ数字でⅠ層，Ⅱ層……と表記し，続いて括弧書きで本来の層位を記入する（例：Ⅰ層（A層，B層，C層の混合層，上方から崩落して

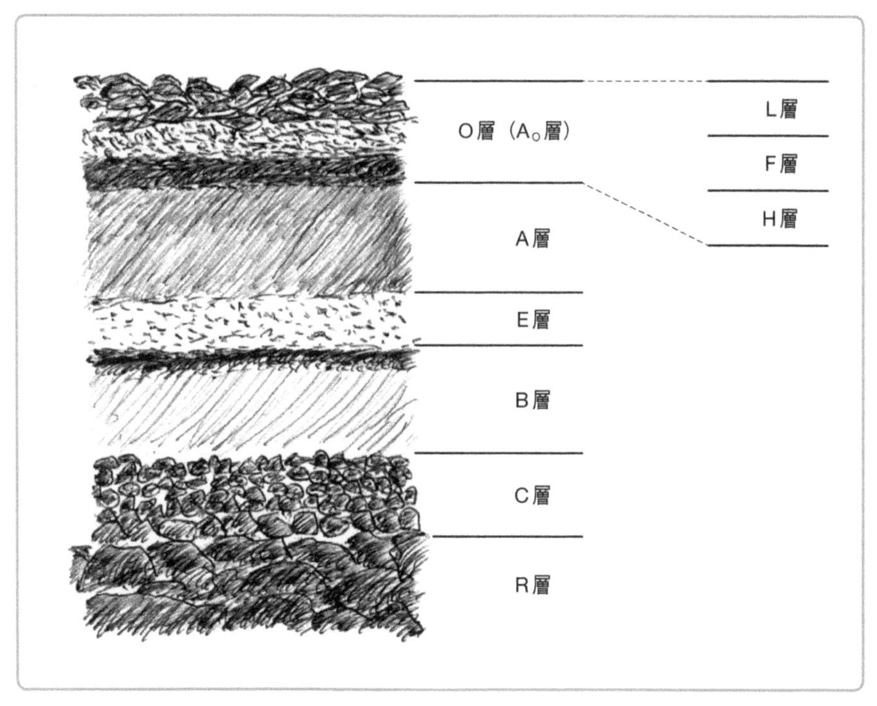

［図5-3］ 自然の森林土壌の層位区分模式図

かぶさる)，II層（もとのA層）……)。古い時代に上から崩落してきた土壌が被さった土壌の断面では，A層あるいはB層の次に昔のA層，B層と続くことがある。また，新しい崩落地では昔のA層の上に砂礫層が被さっていることも多い。

- **O層**：林野土壌調査法ではA_0層と表記する。泥炭や黒泥以外で地表に堆積した落枝落葉などの未分解，または分解した植物遺体からなる100％有機物の層で，水で飽和されることはほとんどない。有機物の分解状態によって上から順にLあるいはO(L)(落枝落葉層)，FあるいはO(F)(有機物が分解発酵中の発酵層。腐朽・分解は進んでいるが，植物組織を識別できる)，HあるいはO(H)(植物組織が識別できないほど分解が進み腐植化した層）に3区分される。過湿な土地の場合，泥炭層はH(P)と標記し，黒泥層はH(M)と表記する。菌類の菌糸が菌糸網層を形成している場合，MあるいはO(M)と表記する。
- **A層**：基本は無機質層であるが，O層（A_0層）から供給されたコロイド状腐植微粒子が無機鉱物の表面に付着し，色は黒褐色で，土壌構造はよく発達している。無機鉱物の起源となった岩石や堆積物の風化は著しく進み，組織構造を失っている。腐植の混じり具合や土壌構造によって上から順にA_1層，A_2層，A_3層と区分する。A層下部には鉄，アルミニウムなどが溶脱した層が存在する場合があり，それをE層という。A層と次のB層との中間的な状態の場合は，影響の強いほうを先にしてAB層あるいはBA層と表記する。
- **E層**：O層の有機物の分解が極めて遅く，そのため多量の有機酸が生成され，それによって鉄の酸化物，アルミニウムの酸化物，粘土，腐植などが溶脱し，相対的にガラス質の砂やシルトに富み灰色を呈する層である。有機酸による溶脱は生じていてもE層を識別できない場合が多い。この層が明瞭な土壌型をポドソルという。
- **B層**：A層，E層（溶脱層)，泥炭・黒泥層の下に形成された無機質層である。無機鉱物の起源となった岩石や堆積物の風化が進み，組織構造をほぼ失っていることが多い。上部のE層から溶脱してきたケイ酸塩鉱物・鉄・アルミニウム・腐植・炭酸塩・石膏・ケイ酸などが集積した層がB層最上部に薄い層となって存在することがある（集積層)。土壌構造は粒状，塊状，柱状となっていることが多いが，下層のC層の岩石風化物と混じり合って混合層となっていることも多い。

- **C層**：A層・B層の無機鉱物の母材となった岩石が物理的・化学的な風化を受けて砕屑状あるいは非固結堆積物となっている層である。有機物をほとんど含まない。上部から溶脱してきた物質が集積することも多いので，砕石の間隙に粘土鉱物や鉄・アルミニウム酸化物が含まれていることも多い。
- **R層**：未風化の母岩，基岩をいう。普通はここまでの断面設定をしない。
- **M層**：菌糸網層，外生菌根の菌糸束が集積して形成された灰白色・海綿状の層位である。
- **G層**：高い地下水や宙水のために土壌が還元状態となって鉄などが亜酸化鉄となり灰白色，ときには青色を呈する。

⑸ 土色判定

土色は極めて重要な意味をもつ。暗色か淡色かは土壌有機物の量を反映しており，黒色に近いほど有機物量が多く，白色に近いほど有機物量が少ない。また土壌に含まれる鉄の量と酸化状態も土色に影響する。土色が赤色の場合は鉄が主にFe_2O_3（酸化鉄（Ⅲ）あるいは酸化第二鉄という）の状態，土色が灰色，あるいは青色の場合は鉄が主にFeO（酸化鉄（Ⅱ）あるいは酸化第一鉄という）の状態，鉄が黄色や褐色の場合は鉄が主にFe_3O_4（酸化鉄（Ⅱ，Ⅲ）あるいは四酸化三鉄という）の状態である。それ以外に，鉄は多湿な環境では水酸基とさまざまなかたちで結びつくので，多様な酸化鉄あるいは水酸化鉄となり，また硫黄や銅が含まれていることもあるので緑色を呈することがあり，土色は実に多様な状態を呈する。

土色は普通，マンセル表色系（アメリカの画家アルバート・マンセルが創案した表色システムをもとにした修正表色系）に準じた標準土色帖を用いて判別する。直射日光の下ではなく明るい日陰で土壌塊と土色帖のカラーチップを見比べながら，色相（各ページ），明度/彩度の記号（見開きの右側ページ）とその色の一般名（見開きの左側ページ）を表示する。土壌が湿っているときと乾燥しているときとでは色が異なるので，土壌が乾燥しているときは少し湿らせて（圃場容水量程度）から判定し，後日，土壌を風乾した後再度判定して，乾湿両方の色を併記する。普通，土壌の乾湿によって色相が変わることはないが，明度と彩度は変化し，乾燥すると明度は高くなり（カラーチップの列の上方），彩度は低下する（カラーチップの列の左側）。ちなみに日本製の農林水産技術会議監修標準土色帖は，色片を紫外線や水にさらしても色が変化しにくいので，世界的に高い評価を得ている。

(6) 硬度・緻密度・堅密度

硬度と緻密度は同じ意味で使われており，山中式土壌硬度計を用いて測定することが多い。断面に凹凸がある場合は山菜ナイフやねじり鎌を使って平らな面をつくり，その面に対して垂直にコーンを押しつけてその貫入度合いを読みとる。堅密度は器械を使わず，断面に親指の腹を押しつけて硬さの程度を判定する感覚的方法で，熟練が必要なために現在はあまり行われていないが，土壌硬度計が礫の多い断面では使えないのに対し，親指を押しつける方法は礫などが多くても，また断面が平滑でなくても，さらに大きな礫と礫の間の狭い隙間でも土壌の硬さを判定することができる。硬度計による計測値と親指による判定は高い相関をもっているが，親指による判定は硬度計では表せない土質の微妙な差異も感覚的に判断することができるので，作物などの根系の発達の良し悪しを予測するには親指の感覚のほうがよいという考え方もある。しかし，定量的な測定ではなくあくまでも感覚的な方法なので，調査者の力量などにより判断が異なることが多い。堅密度の判定は以下のように行うが，植物根が順調に伸びていけるか否かの基準は植物の種類と土性によって異なっている。

- **頗る鬆**（すこぶるしょう）：極疎，ほとんど抵抗なく指が入る。山中式土壌硬度計の硬度指数が10 mm以下。
- **鬆**：疎，抵抗はあるが指が楽に入る。硬度指数が11～18 mm。
- **軟**（なん）：中，強い抵抗はあるが指が入る場合は鬆に近い軟，やや凹んだ指痕が残る場合は堅に近い軟である。硬度指数が19～24 mm。
- **堅**（けん）：密，指は入らないが指痕がつく。硬度指数が25～28 mm。
- **頗る堅**：極密，まったく指痕がつかない。硬度指数が29 mm以上。
- **固結**：ナイフやねじり鎌でやっと削ることができるほどの硬さ。

(7) 土性

国際土壌学会法では土性は図5-4のように12区分されているが，現場では国際土壌学会法による詳細な土性区分は困難なので，日本農学会法を基にした指感による簡易判定を行うことが多い。指感の判断基準とその表記法はいくつかあるが，次に判定基準の一例を示す。なお，断面の50%以上が礫で覆われている場合は礫土として扱い，礫の隙間の土の土性を併記する。観察断面における礫の比

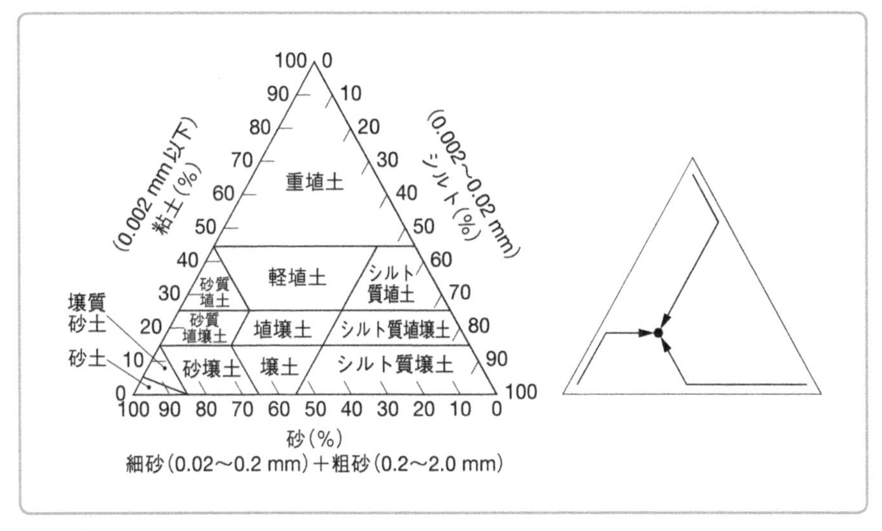

［図5-4］ **三角図法による土性表示**(国際土壌学会法)
図中の（ ）内は粒子粒径を示す。

率の判定には熟練を要し，礫間の土壌の土性判定にも熟練を要する。

- **可塑性なし，粘着性なし**：砂土，壌質砂土
- **可塑性弱〜中，粘着性弱**：砂壌土，壌土
- **可塑性弱，粘着性強**：砂質埴壌土，砂質埴土
- **可塑性強〜極強，粘着性強〜中**：シルト質壌土
- **可塑性強，粘着性強**：埴壌土
- **可塑性極強，粘着性強**：シルト質埴壌土
- **可塑性極強，粘着性極強**：重埴土，軽埴土，シルト質埴土

なお，日本農学会法は粒子径0.01 mm以下を粘土とし，粘土の含有量により次のように5区分している。

- **砂土(S)**：12.4％以下
- **砂壌土(SL)**：12.5〜24.9％
- **壌土(L)**：25.0〜37.4％
- **埴壌土(CL)**：37.5〜49.9％
- **埴土(C)**：50.0％以上

① 可塑性

土壌塊に外力が加わったときに塊の状態を保っているか崩れやすいかを判断する基準である。可塑性が強いほど土壌粒子が小さく粘性が大きいといえる。土が乾いている場合は湿り気を与えて圃場容水量程度の湿り気をもった土塊を少量手にとり，親指・人差し指・中指の3本の指で少しずつこねて棒状に伸ばしていく。可塑性と土性は高い相関をもっているので，現場での土性判定にはこの方法を使う。

- **なし**：まったく棒状に伸ばせない。
- **弱**：かろうじて棒状に伸ばせるが，すぐに切れる。
- **中**：直径2 mm内外の棒状に伸ばせる。
- **強**：直径1 mm内外の棒状に伸ばせる。
- **極強**：長さ1 cm以上，直径1 mm以下の細い糸状に伸ばせる。

② 粘着性

土性や可塑性と深い関係があるので，粘着性を判定せず土性判定だけのことが多い。粘着性を判定するには，粘り気が最大となるように土壌に水分を少量加え，親指と人差し指で小さな土塊を挟み，少しこねてからその指を離して指に土塊の付着する状態をみる。

- **なし**：ほとんど付着しない。
- **弱**：一方の指に付着するが，もう一方には付着しない。
- **中**：指を離したときに土塊がいくらか糸状に伸びる。
- **強**：指を離したときに土塊が糸状に伸びる。

(8) 土壌構造

土壌構造は土壌粒子どうしの結びつき方であり，土壌の発達程度を表す指標となり，また根系が発達しやすいか否かの判断にあたっても重要な項目である。図5-5に区分の一例を示すが，それぞれの発達程度を強・中・弱に区分する。

- **平板状（板状）**：自然な割れ目の面が水平方向に発達する。上から圧密を受けている土壌の最表層に発達しやすい。
- **柱状**：自然の割れ目面が垂直方向に発達する。粘土質の湿地土壌が乾燥して凝集作用が強く働いたときに発達しやすい。次の2種類に分ける。

  角柱状：角張った状態である。水を抜いて乾いた水田土壌表層にみられる。

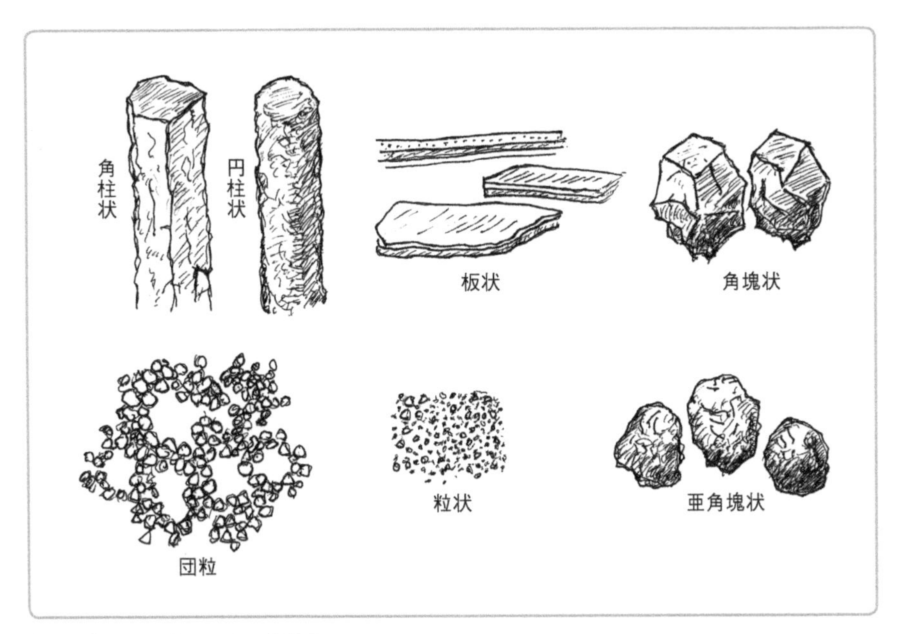

［図5-5］ **土壌構造区分の模式図**

円柱状：角がとれた状態。

- **等方状**：自然な割れ目の面が水平，垂直のどちらにも同程度に発達する。これは次のように細分される。

角塊状：土塊を手にとって割った時の割れ目の表面がかなりなめらかで，ある程度稜角があり，各面が隣の塊の表面ときれいに重なり合い，直径は2 cm以上である。角塊状が発達して割れ目がなめらかで少々照りがあり，固い塊となっている状態を堅果状という。堅果状構造は乾湿のくり返される丘陵地の尾根筋の土壌などで発達しやすい。西日本に多い。

細塊状：形態的には角塊状であるが，直径が2 cm以下のもの。このなかにも堅果状構造がある。

亜角塊状：稜角がなく丸みを帯び，表面もなめらかではない。握ると簡単につぶれる。

粒状：表面がやや粗く，隣の粒子と連結していない。

細粒状：形態的には粒状であるが，直径が2 mm以下のもの。

- **団粒**：角のとれた細粒が腐植の糊づけ効果によってルーズに結びついている。握ると簡単に壊れる。

⑼ 腐植量

現地調査では腐植量を明確に判定することはできないが，土色の黒さの程度からおおよその腐植量を推定できる。ただし，山火事が頻繁に起きる場所では，微小な炭によって土壌が黒くなっている場合があるので，注意が必要である。

- **明るい色**：腐植なし〜わずかにあり。2%以下
- **暗色**：腐植を含む。2〜5%
- **黒色**：腐植に富む。5〜10%
- **著しい黒色**：腐植に頗る富む。10〜20%
- **真黒色**：腐植土。20%以上

⑽ 溶脱・集積・斑紋

土壌断面に表れる斑紋は土壌のポドソル化作用，部分的な酸化あるいは還元状態，鉄やマンガンの集積などを表している。斑紋の有無と種類の判定は季節的な過湿状態の有無，還元の程度などの土壌の化学的な状態を理解するのに重要であり，おおむね次のように区分する。

- **糸状・細根状**：細根の伸長によって開けられた穴に酸素が供給されて鉄が酸化して赤褐色〜褐色を呈したり，有機酸によって鉄やアルミニウムが溶脱して灰白色を呈したりする。
- **膜状**：亀裂の隙間の壁や土壌塊と土壌塊の間に発達する。
- **斑点状**：通気透水性がやや不良で基本的に湿性であるが，夏期乾燥期などに強い乾燥状態となる粘質な土壌では，マンガン斑やマンガンと鉄の混じった黒色の斑紋が形成される。
- **管状**：湿地土壌に伸びる太い地下茎や根の周囲に発達し，地下茎や根が枯れて腐朽し消失した後は管状（筒状）に赤褐色を呈することになる。
- **脈状**：グライ化した土壌上部の腐朽した根の空隙に発達する。

⑾ 乾湿

土塊を握って感じる状態で判断する。実際の含水率と手の判定との間には高い相関があるが，土壌の種類によっても異なり，砂土はわずかな含水率でも水気を

感じ，埴土は砂土と同じ含水率であっても砂土よりかなり乾いて感じる。また，有機物の多い黒色土は他の土壌と比べて，同じ含水率でも乾いて感じる傾向がある。さらに，降雨後の時間の経過により乾湿は大きく異なるので，降雨後の時間も記録する。特に，気温が低い冬季は乾燥した土壌でも冷たいので湿り気があると誤認しやすく，注意が必要である。区分の一例を示すが，調査者によって判断基準や表現はかなり異なる。たとえば，“潤”と“湿”では潤のほうをより湿った状態と表現する調査者もいる。

- **乾**：土塊を握っても湿り気をまったく感じない。
- **半乾**：土塊を握ると乾いているが，わずかに湿り気を感じる。
- **半潤**：土塊を握ると湿り気を感じる。
- **潤**：土塊を強く握るとわずかに水が滲み出てくる。
- **湿**：土塊を握ると水が滴り落ちる。
- **過湿**：土塊を持ち上げると水が滴り落ちる。

⑿ 根量と外生菌根の有無

立地環境を把握するための根系調査は，根系の深さと広がり具合，根系の形状，根の表皮の色などから，根系発達に及ぼす地形や地質の影響，土壌の影響などを把握することを目的に行う。

斜面では一本の木の根系は山側と谷側とで異なった発達をし，また岩盤や硬盤によっても発達は妨げられる。樹木の根元の張り出し形状はそのような状況をよく反映しているので，根元の形と，少し離れた部分で太い根系の上部を“追い掘り法”で露出させて発達状況を観察するが，斜面では掘り上げた土壌の落下に特に注意する必要がある。

根系のうち養水分吸収機能のある細根の深さと広がりは，採土器などを使って可能な限り多くのサンプルを採取して，採取した土壌中に細根が含まれているか否かを判断することで，根系の広がり具合についてはおおむね把握できる。一般に，土壌が湿った環境と乾いた環境とでは根系の発達状態は著しく異なり，乾いた土壌のほうが根系は広く深くなる傾向がある。また，風の強い地域では根系が広くなり，風の弱いところでは狭くなる傾向がみられる。さらに，硬盤が浅い層にあると根系は浅くなり，林内木のように下枝が枯れ上がって樹冠の位置が高いと根系が狭くなる傾向がある。

根量調査は，太さ2 mm以上についてはノギスで直径を測定して断面図に記載し，全体の根量の多少を層位ごとに「なし」「わずかにあり」「含む」「やや多し」「多し」「すこぶる多し」と区分して記録する。筆者は10 cmごとに区切ったメッシュを断面にあて，各方形枠ごとに根の本数と太さを記録する方法を行ってきた。菌根については，外生菌根は肉眼でも根系先端の細根部分に形成されているか否かわかるが，ほかの形態の菌根は肉眼ではわからないので，外生菌根の有無のみを記録する。さらに，断面に表れた根の表皮の色，腐朽根の有無と多少などを記録する。

以上のほかにも現場で判定すべき項目はいくつかあるが，調査目的と求められる精度によって項目を取捨選択する。筆者が実際に行った土壌調査票の記入例を図5-6に示す。

土壌断面調査票

傾斜度:10° 傾斜方位:NE 標高560m. Bℓ(d)

No.	1	調査24年10月5日	樹種 ケヤキ	天候 晴	気温 13 ℃	調査者	

層位	土色	硬度 mm	母材	腐植	石礫	土性	構造	堅密度	孔隙	水湿	溶脱集積	根 草	根 木	根 外生菌根	pH(H_2O)	EC(1:5)	備考
A₁	7.5YR 2/2 黒褐	10~15	安山岩	富む	あり	SL	亜角塊状	すこぶる鬆	すこぶる富む	潤	なし	含む	多し	なし	5.6		φは根の直径(mm) rは太い根 Gは巨礫
A₂	7.5YR 3/2 黒褐	12~17	安山岩	やや富む	含む	SL	亜角塊状	鬆	富む	潤	なし	なし	多し		5.3		
A₃	7.5YR 3/3 暗褐	15~20	安山岩	含む	含む	SL	角塊状	軟	やや富む	潤	なし	なし	多し		5.3		
B	7.5YR 4/3 褐	20~24	安山岩	あり	すこぶる富む	SL	角塊状	堅	含む	湿	局部的集積	なし	あり		6.0		
C		-	安山岩	-	礫層	G											

［図5-6］ 土壌断面調査票の記入例

土壌有機物の化学

6.1 土壌有機物と腐植の性質

植物の葉，茎，根などが枯れて土壌有機物となり，土壌の動物や微生物によって分解されると次第に無機化し，最終的には二酸化炭素に戻るが，一口に有機物といっても分解速度は物質によって大きく異なり，細かく砕かれながらも長期にわたって無機化されずに，土壌表層に“腐植”のかたちで大量に蓄積される物質がある。

腐植物質はアルカリと酸に対する溶解性の違いから，

- **腐植酸（フミン酸）**：アルカリ水に溶けて，極めて強い酸性水で沈殿するので抽出することができる。主に高分子の物質

Column 20

リグニン

リグニンは木質素ともいい，植物の細胞壁を硬くする。極めて複雑な構造をもつポリフェノールの一種であり，巨大分子である。ポリフェノールは殺菌効果をもつ物質で，植物は防御のために体内で普通に生産している。木材が草に比べて腐りにくいのは細胞壁にリグニンが多く含まれるためと考えられる。リグニンを効果的に分解できるのは担子菌類のなかの白色腐朽菌といわれるグループのみであり，子嚢菌類や細菌にはほとんど分解する能力がない。リグニンがなぜ微生物にとって分解困難であるかはよくわかっていないが，リグニンはポリフェノールが樹枝状に重合した一種の毒物なので，分解されるたびに微生物にとって毒性が強くなることも一因ではないかと筆者は考えている。

- **フルボ酸**：アルカリ水にも酸性水にも溶ける。主に低分子の物質
- **ヒューミン**：いずれにも溶けない安定した物質

の3つに大別することができる。しかし，これらの物質の区分は操作上の違いであるので，生態学的な意味はあまり大きくないが，分子量が，腐植酸は大きく，フルボ酸は小さいという傾向がある。また，いずれも化学構造は無定形であり，数百から数万にも及ぶ幅広い分子量をもち，分子構造も極めて複雑なので，まだその全容は解明されていない。

生態学的には，土壌中で徐々に分解されて窒素，リン酸，カリウムなどの無機養分を供給する“栄養腐植”と，長期にわたって分解されず，土壌の陽イオン交換容量（CEC；Cation Exchange Capacity，一定量の土壌粒子が陽イオンを吸着する能力）を高めたり，団粒構造化を促進したりする“耐久腐植”に分けることができる。

なお，耐久腐植の主な供給源は植物細胞壁を構成するリグニンとされており，同じく細胞壁を構成するセルロースやヘミセルロースは微生物によって速やかに分解されてしまうので，安定した耐久腐植にはほとんどならない。

6.2 粘土と腐植が大きな陰荷電をもつ理由と陽イオン交換容量

粘土は複雑な構造をもつ極めて微小な鉱物であるが，基本的にはその構造から板状の層状ケイ酸塩鉱物と，アロフェン（中空球状）やイモゴライト，ハロイサイト（中空管状）のような中空の鉱物に大別される。層状ケイ酸塩鉱物はケイ素4面体構造（図6–1左）とアルミニウム8面体構造（図6–1右）の2つがくっついた形をしており，ケイ素4面体シート（図6–2）1枚とアルミニウム8面体シート（図6–3）1枚が組み合わさった1：1型鉱物，2枚のケイ素4面体シートがアルミニウム8面体シートをサンドイッチのように挟む形をしている2：1型鉱物（図6–4），さらに2：1型鉱物と2：1型鉱物の間にアルミニウム8面体が挟まった2：1：1型鉱物に大別される。

ケイ素4面体は中心にケイ素原子（Si）があり，それが4つの酸素原子（O）と手を結んでいるが，この4つの酸素原子のうちの3つは隣接するケイ素4面体

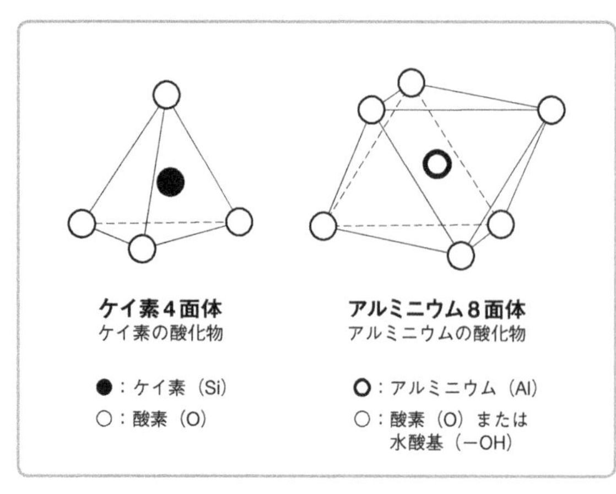

［図6−1］ **結晶構造をもつ粘土鉱物の基本構造**

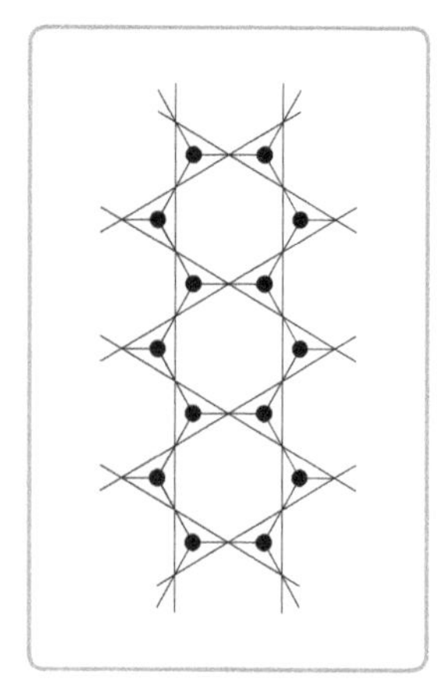

［図6−2］ **ケイ素4面体シートの模式図**

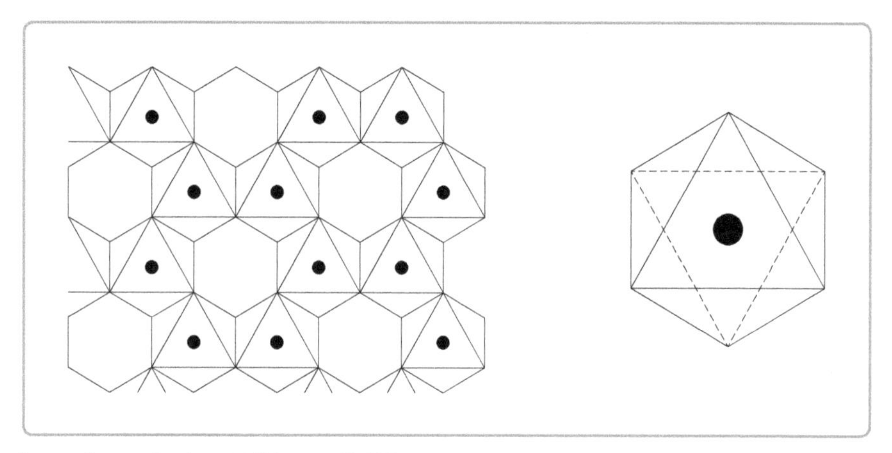

［図6−3］ **アルミニウム8面体シートの模式図**

との共有となっており，残りの1つはアルミナ8面体のアルミニウム（Al）と共有結合している。共有結合とは，2つの原子が電子対（逆向きのスピンをもつ1組2個の電子）を共有することによって生じる化学結合をいう。

板状の粘土粒子4面体の場合，いちばん端の酸素原子は共有相手がいないので，片方の手が余っており陰荷電となっている。ゆえに，土壌の陰荷電量は，土壌粒

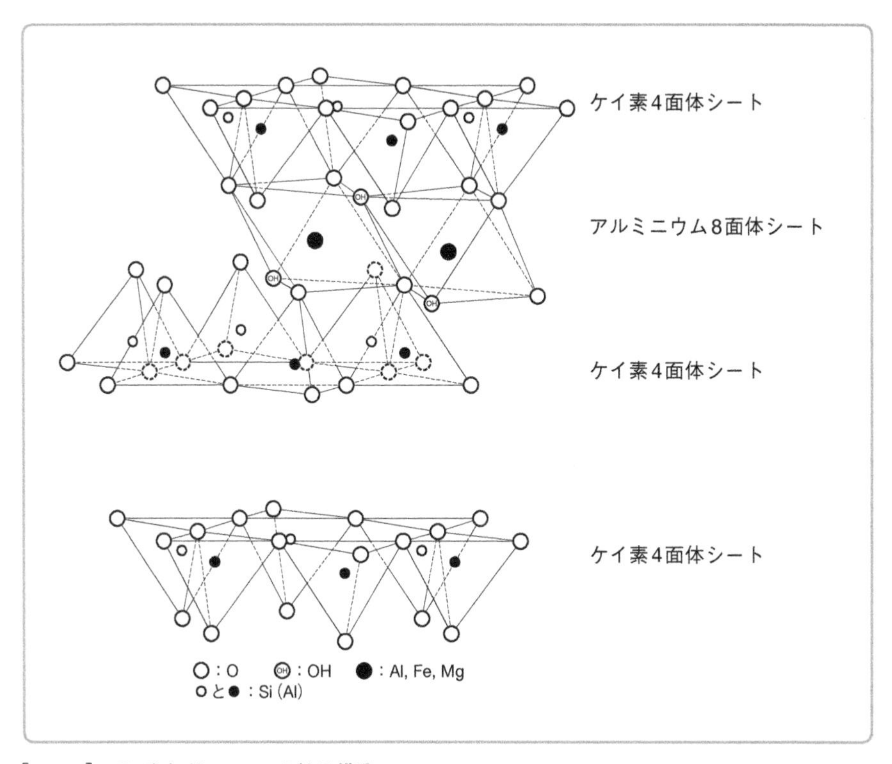

［図6-4］ **スメクタイト(2：1型)の結晶構造**

子が小さくなればなるほど余った手が増えるので大きくなる。

また，ケイ素4面体のケイ素に代わってアルミニウムが4面体の中心に入れ替わることがある。そうなると，ケイ素は手を4つもっているのに対し，アルミニウムの手は3つしかないので，酸素原子のなかに2つの手の１つが余ってしまうものが生じ，それが陰荷電の原因となる。

アルミナ8面体においても，アルミニウムの位置に手を2本しかもたないマグネシウムが置き換わると，同様に陰荷電を生じる酸素原子が増えてくる。さらにアルミニウム8面体上にあってケイ素4面体が向き合っている部分の酸素原子は，4面体と8面体の面がピタリと重なるわけではないので，結びつく相手がなく手が1つ余ってしまうものが生じ，通常は水素と結合してOHの形になっているので，荷電は消滅しているが，水素が離脱すると陰荷電が生じる。

土壌が酸性，すなわち土壌溶液中にH^+が多いとき，それらの陰荷電に水素イオン（H^+）がくっついて荷電は消滅している。しかし，土壌がアルカリ性のときは土壌水中の水酸イオン（OH^-）にH^+が引きつけられてH_2Oとなり，酸素原子の片方の手がフリーとなって陰荷電が生じる。そこにカリウムイオン（K^+），カルシウムイオン（Ca^{2+}），マグネシウムイオン（Mg^{2+}）などが引きつけられる。ゆえに，粘土粒子の陰荷電量はアルカリ性のときに大きく，多様なアルカリ金属やアルカリ土類金属のイオンを引きつける状態となる。一般に1：1型鉱物よりも2：1型鉱物のほうが陰荷電量が多く，CECの値が大きい。

CECは単位重量あたりの土壌塊の陰荷電量，すなわち陽イオンと結びつく最大可能量を示す単位である。ちなみに，土壌粒子は普通，陰荷電よりもはるかに少ないが，陽荷電ももっており，その陽荷電量の最大可能量を陰イオン交換容量（AEC；Anion Exchange Capacity）という。腐植は以下のように粘土と同等あるいはそれ以上に大きいCECをもっているが，この腐植の陰荷電は粘土鉱物とはまったく異なるかたちで生じている。なお，以下の粘土鉱物と土壌のCECの値は測定時の資材のpH値によって大きく変化する。

- **カオリナイト（層状1：1型粘土鉱物）**：3～15
- **ハロイサイト（管状1：1型粘土鉱物）**：10～40
- **スメクタイト（モンモリロナイト）（層状2：1型粘土鉱物）**：80～150
- **イモゴライト（中空管状粘土鉱物）**：20～40
- **アロフェン（中空球状粘土鉱物）**：30～200
- **砂（直径0.02～2 mmの鉱物）**：0～6
- **腐植（コロイド状にまで小さくなった安定した有機物）**：100～180
- **黒色土（黒ボク）**：20～50（100前後とかなり大きい値を示す黒色土もある）
- **褐色森林土**：平均的には20前後であるが，幅が極めて大きい。

注）単位はmol/乾燥土1 kg（meq・乾燥土100 g）

植物遺体が分解され腐植となる過程で多様な反応基（官能基）や化学結合が生じるが，そのうちの主な反応基を図6-5に示す。これらの反応基のうち，陽イオン交換という観点からは，特にカルボキシ基（カルボキシル基ともいう）とフェノール水酸基が重要である。これらの反応基の酸素原子と結びついている水素原子は不安定で，粘土の陰荷電の項で述べたように，土壌が中性やアルカリ性のとき，水素は遊離して水酸イオンと結びついて水分子となり，反応基中の酸素原子に陰荷電が生じ，水素イオン以外の陽イオンと結びつきやすい状態となる。土壌が酸性のときは水素イオンが多いので，反応基の酸素原子は水素イオンと結びついて陰荷電は消滅するが，腐植中の反応基の数が多いと，微酸性や弱酸性では陰荷電の手はかなり残される。たとえば，酸性雨に関する研究が盛んに行われたとき，腐植や粘土がほとんど含まれてなく，CECの極めて小さい砂土と，腐植が多くCECの大きい黒色土の両方にpH 3〜4程度の酸性の人工雨を長時間降らすという実験が行われた。この実験では，砂土は短時間でpHが低下するのに対し黒色土はなかなか変化しなかった。これは，黒色土の腐植の反応基の数が多いために，H^+が多少吸着されて陰荷電が消失しても，まだ多くの陰荷電が残されているためである。

$-OH$	アルコール性水酸基
—⬡—OH	フェノール性水酸基
$-COOH$	カルボキシ基
$>CO$	ケトン機
$-CHO$	アルデヒド基
$-CH_3$	メチル基
$-OCH_3$	メトキシル基
$-NH_2$	アミノ基
$-SO_3H$	スルフォン基
$-PO_3H_2$	フォスフォン基

［図6-5］ **腐植物質中の主な反応基**（官能基）

Column 21

pH

pHはデンマークの化学者セーレンセンが提唱した概念で，pは指数あるいは可能性のpotentialの意味であり，Hは水素イオンの意味である。英語でピーエイチ，ドイツ語でペーハーという。日本語では水素イオン濃度指数という。1リットル（1,000 cc）の水のなかに含まれている水素イオン（H^+）のモル濃度を指数化したものである。水分子（H_2O）はごくわずかであるがH^+とOH^-に解離しており，H^+が多いときはOH^-が少なく，OH^-が多いときはH^+が少ない。その関係式は

$$[H^+]\cdot[OH^-] = 1\times10^{-14} = 1/10^{14}$$

が成立する。すなわち，水素イオンが1リットル中に$1/10^7$ molのとき，水酸イオンは1リットル中に$1/10^7$ molであり，水素イオンが$1/10^5$ molのとき，水酸イオンは$1/10^9$ molである。つまり，pH 5は水素イオンが1リットルの水のなかに$1/10^5$ mol含まれていることを示し，pHが1違うと水素イオンの濃度は10倍，2違うと100倍異なり，数値が低いほど水素イオンの濃度は高くなる。

土壌のpHは一定量の乾燥土壌に一定量の水を加え，よく撹拌してからその上澄み液で測定することになっている。普通はpH 7に調整した純水を加えるので，pH(H_2O）と書くが，1規定の塩化カリウム溶液を加えて測定する潜酸性の場合はpH(KCl）と書く。普通はpH(KCl）のほうがpH(H_2O）より低い値が出る（おおむね1ほど違う）。

ちなみに，清浄な雨はpH 7ではなく，pH 5.6程度を示し，弱い酸性である。それは雨水中に大気中の二酸化炭素が溶け込んで弱い炭酸水（H_2CO_3）となっているからである。石灰岩が雨水に少しずつ溶けていくのは雨水が酸性であるからである。なお，日本の河川水はpH 6～7を示すことが多い。それは大地を流れ下るうちに土壌や岩石に含まれるさまざまな物質を溶かし込んでいくためである。

Chapter 7

樹木育成のための有機物の利用と還元

7.1 有機性廃棄物の緑地還元

現在，世界的に大きな社会問題となり，今後もますます深刻な問題となりそうなことのひとつに，ごみ処理問題がある。ほかにも大気中CO_2濃度上昇と温暖化，乾燥化，大気汚染，水質汚染，自然破壊，野生動植物の絶滅，砂漠化の進行，人口の急激な増加と食糧難，新しい流行病の発生と蔓延などの問題が挙げられる。これらの問題の発生には多数の因子が複雑に絡み合っているため，解決は極めて困難と考えられるが，ごみ処理に関しては，少しでも問題を緩和するための方策のひとつとして，厨芥類，建築廃材，下水汚泥，家畜糞尿，食品廃棄残滓，樹皮やおが屑，羊毛屑，綿毛屑，パルプスラッジ，剪定枝条，落枝落葉など生物起源の有機性廃棄物のリサイクル利用がある。これらの有機性廃棄物の有効利用については，燃料にしたり家畜の餌にしたり土壌に還元して劣悪な土壌を改善したりすることが考えられるが，土壌への還元はどのようにすればよいか，ということが大きな課題である。

近年，有機資源のリサイクルを図るとともに土壌表面からの蒸散抑制や雑草防止を図ることを目的として，街路樹などの剪定枝条をチップにして土壌表面に敷き均したり（マルチング），土壌中に混入したりすることが，公園緑地などで頻繁に行われるようになった。この方法はほとんど廃棄物として焼却されている木質有機物の有効利用という意味では意義があり，樹木の生育に対しても多くの利点があるが，その半面，いくつかの欠点，しかも重大な欠点がある。

1 有機性廃棄物の緑地還元の得失

(1) 利点

この方法の樹木など植物の成長に与える利点として，

- 地表からの蒸散を利用し，土壌水分を保持する
- 踏圧に起因する土壌表層の固結化を防止する
- 長期的には徐々に分解することにより，窒素，リン酸，カリウムなどの無機養分を供給する。ちなみに，有機物中には植物の成長に必要な必須元素がほとんどすべて含まれている
- 雑草繁茂を抑制し，樹木の被圧化や水分の競合を防ぐ
- 晩秋～早春の土壌表層の地温を高めに保持し，根系の活動を促進する
- 雨滴や表面流去水による土壌表面の浸食を防ぐ
- 土壌小動物や微生物に生息場所や餌を供給することにより土壌生物の活動を活発化し，土壌孔隙の増大により通気透水性を向上させ，土壌の団粒構造化を促進させる
- 固結した地面に敷くことでクッションとなり，歩く人の疲れを軽減する

などが考えられる。資源の有効利用以外にもさまざまな長所のあることから，全国の多くの公園緑地でこの方法が採用されている。

(2) 問題点

しかし，この方法に次のような欠点が考えられ，現実に多くの場所で問題が発生している。

生の有機物，特に木片や樹皮などの木質有機物を大量に土壌表面に被覆したり混入したりすると，さまざまな障害が発生する可能性がある。特に土壌伝染性の病気と窒素飢餓現象の発生が重要である。

① 土壌伝染性病虫害の発生

木材の成分は主にセルロースとリグニンとヘミセルロースで，樹皮の場合はさらにロウ物質のスベリンやポリフェノールの一種のタンニンが加わる。木材の主成分であるこれらの物質はいずれも分解に時間がかかり，これらが腐朽し腐植化するには菌類のはたらきが必要となる。菌類のなかでも材質腐朽菌といわれる菌類（主に真性担子菌類ヒダナシタケ目のきのこ，たとえばサルノコシカケ科）が

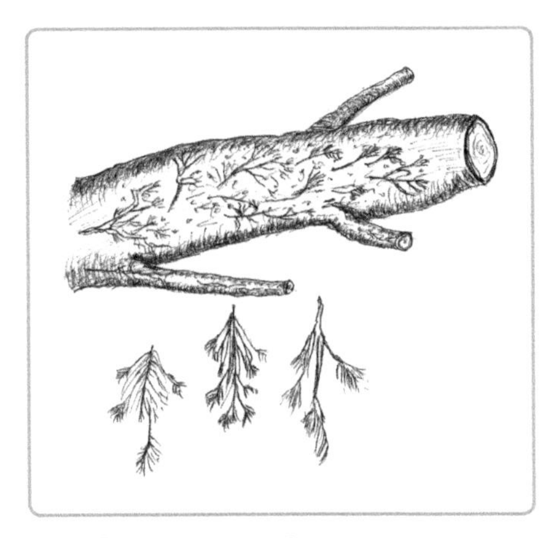

［図7-1］ **白紋羽病に罹病した根**

［図7-2］ **広葉樹の根元の凹部に列状に発生したベッコウタケの子実体**

重要である。土壌中の木質有機物は，それらの腐朽菌によって徐々に分解されるが，それ以外にもさまざまな土壌伝染性病原菌の温床となりやすい。土壌病菌には多くの種類があるが，なかでも広汎な樹木を侵す白紋羽病（図7-1），ならたけ病，べっこうたけ病（図7-2）などの菌は土壌中の木質有機物に棲息しながら樹木の根に侵入する機会をうかがっており，ひとたび根に侵入すると形成層や篩部，辺材の柔細胞から栄養を吸収しながら細胞を破壊して殺し，巻き枯らしのような状態で大きな樹木も枯らしてしまう。特に白紋羽病は小さな木であれば感染してから2, 3年という短期間で樹木を枯らしながら次々に隣接木に伝染していく。ベッコウタケは根株を侵す材質腐朽菌であり，街路樹や公園樹木の倒伏の原因となりやすい。

また，木質チップをマルチングした公園緑地や神社では，ナラタケモドキ（図7-3）の発生もときどきみられる。ナラタケやナラタケモドキは本来森林性の病害で，昔は都市公園などにはほとんどみられなかったものであるが，未分解有機物の土壌表面へのマルチや土壌中への混入がこれらの病害の蔓延に関係していると考えられる。特にまったく発酵させていない生の木質チップは土壌病害の温床となりやすい。

これらの土壌病菌にひとたび侵されると，防除は極めて困難である。苗畑や果

［図7-3］ **剪定枝条チップのマルチングに群生するナラタケモドキの子実体**

樹園などでは罹病した木をすべて焼却し，さらに土壌中の未熟で粗大な有機物をとり除き，土壌殺菌する方法がとられてきたが，この方法は樹木を生かしたまま活力を回復させたい公園緑地では使えない。また，完全な土壌殺菌を行うには多くの技術的な困難があり，実質的に不可能である。

木質チップのマルチングによる害虫としては，このほかにヒメコガネ幼虫などの根切り虫の温床となることが考えられる。大木は根切り虫により枯死することはまずないが，低灌木や若木は根切り虫が大量に発生すると衰退したり枯死したりすることがある。筆者が若い頃，緑化樹木のポット栽培試験をしていたときに，山砂にバーク（樹皮）堆肥を混ぜて培地とし，さらに表面にバーク堆肥をマルチしたところ，堆肥の質が不良だったせいもあってヒメコガネ幼虫が大発生して供試木の根が食害を受けて枯れてしまったという苦い経験がある。

② 高い炭素-窒素比

樹木の細胞と細胞壁はセルロース，ヘミセルロース，リグニン，たんぱく質，でんぷん，ショ糖，脂質などで構成されているが，骨格となる細胞壁は主にセルロース，ヘミセルロース，リグニンの3成分で構成されている。葉や枝の先端部分の乾物での炭素量，窒素量および炭素–窒素比をみると，炭素量はどの部位でもあまり変わらず50％前後であるが，窒素量は部位によって著しく変化し，炭素–窒素比（C–N ratio, C/N値）は次のようになっている。

- **マメ科作物の茎葉**：15～20前後
- **広葉樹の落葉**：50～65
- **稲藁（わら）**：60～70
- **小麦藁**：100～110
- **落葉広葉樹の樹皮**：300～350
- **針葉樹樹皮**：500～1,300
- **針葉樹材**：800～1,500

このように，植物起源の有機物といっても部位によってあるいは種類によって炭素–窒素比は大きく異なる。したがって，分解のしやすさあるいは堆肥化の容易さ，およびそれに要する時間も異なってくる。たとえば葉だけであれば，堆肥化に要する時間は積み上げてときどき撹拌するだけであっても2, 3か月あれば十分であるが，樹皮では1年以上，材部であれば完熟堆肥となるのに2，3年あるいはそれ以上を要する。したがって，葉，樹皮，材が混じった状態で，しかも樹種が多様な剪定枝条を堆肥化する場合，葉の部分の腐熟は早く進むが，材の部分は極めて遅いので，一見すると熟成が進んだようであっても，木質部分はほとんど未熟なままという現象が起きる。この現象は，脱臭・水分調節のための敷料としておが屑やプレーナー屑が混入された家畜排泄物の堆肥化で顕著に生じている。またバーク堆肥のように，主にコルク質を堆肥化したものでも，木片部分，コルク部分，内樹皮（甘皮（あまかわ））部分で分解速度が異なるため，一般的な6か月ほどの熟成期間では不十分で，コルクの塊の表面しか分解が進まず，なかに硬い芯が残ったまま，また木質はまったく未分解でただ着色して黒くなっているだけという製品がしばしばみられる。

葉や草本の茎を十分に堆肥化せずに土壌中に多量に混入すると，急速な分解で大量の二酸化炭素が発生し，細根が酸欠で枯死し，いわゆる根腐れを起こす可能性がある。

土壌改良資材として有機物性廃棄物を利用する場合，いかにして有機物を植物にとって良好な資材に変えて還元するかが最重要課題である。そして，そのときに問題となるのが有機物の熟成（腐熟ともいう）の度合である。

有機物の熟成度を炭素−窒素比からみると，次のように考えることができる。今，これから使おうとする生の広葉樹樹皮について，

炭素−窒素比：400
含水率：75%
樹皮中の炭素含有率（乾重）：50%
樹皮を分解する微生物の炭素−窒素比：平均8（おおむね5〜13の範囲と考えられている）
分解微生物の炭素利用率（菌体内への取込量）：20%

と仮定して，その生の樹皮1 tonを，まったく加工せずに緑地土壌に施用するとどのような状態になるかを計算すると，

樹皮の乾燥重量：1,000 kg ×（100 − 75）% = 250 kg
炭素の含有量：250 kg × 50% = 125 kg
含まれる窒素量：125 kg ÷ 400 = 0.3125 kg
分解菌がこの樹皮を分解して菌体内にとり込む炭素量：125 kg × 20% = 25 kg
菌体にとり込まれる炭素量に対応して必要な窒素量：25 kg ÷ 8 = 3.125 kg
不足する窒素量：3.125 kg − 0.3125 kg ≒ 2.8 kg

となる。つまり，生の樹皮を土壌にそのままのかたちで還元すると，分解菌にとって窒素不足となり，十分な分解がなされず，前述のようなさまざまな障害を引き起こすことになる。

では，どれくらいの炭素−窒素比が適当かを計算すると

125 kg ÷ 3.125 kg = 40

となり，炭素−窒素比40前後が最適と計算できる。実際の植物性有機物の場合，植物体の窒素のなかには菌体にとり込まれる前に溶出したり，アンモニアとなって揮発したりするものもあるので，堆肥の炭素−窒素比は30以下が良で，理想的

には20～25とされている。

逆に，鶏糞のように炭素−窒素比が極めて小さい資材をそのまま土壌に施用したらどうなるかを計算すると，今，半乾燥鶏糞を例として，

含水率：60％
乾燥鶏糞中の炭素量：30％
乾燥鶏糞の炭素−窒素比：8

の半乾燥鶏糞1 tonを緑地土壌に施用したとすると，

半乾燥鶏糞1 ton中の有機物の乾燥重量：1,000 kg×（100－60）％ =400 kg
炭素量：400 kg×30％＝120 kg
窒素量：120 kg÷8＝15 kg
分解菌が菌体内にとり込む炭素量：120 kg×20％ =24 kg
分解菌が菌体にとり込む炭素に対応する窒素量：24 kg÷8=3 kg
過剰な窒素量：15 kg－3 kg＝12 kg

となる。過剰な窒素はアンモニアとなって揮発したり，硝酸態窒素となって地下水や河川を汚染したり，植物の根に濃度障害を起こして根腐れの原因となったりする。

以上に紹介した2つの例はかなり極端な例であるが，生の有機物はほとんどの場合，どちらかの性質をもち，初めからほどよい炭素−窒素比の資材は極めて少ないので，施用にあたっては十分な堆肥化を検討しなければならない。

③ 土壌微生物の炭素−窒素比と未熟有機物施用による窒素飢餓現象

前述のように未分解の植物遺体中の炭素量は乾燥重量に対して50％前後（重量比）であり，この値は植物の種類や部位によって多少の変動はあるものの大きな差はない。それに対し，窒素量は極めて変化が大きく，多いものでは炭素量の数分の1，少ないものでは1,000分の1以下である。この炭素−窒素比（C/N値）によって微生物による分解のしやすさが異なり，値の小さな物質は土壌に施与すると速やかに分解され，肥料成分を供給する。それに対して値の大きい物質は，土壌中での分解が極めて遅く，針葉樹木材のように何年もかかってしまうものもある。なお，昔の文献には炭素−窒素比を“炭素率”と書いてあることが多い。しかし，有機物中の炭素含有率の変動は小さく，C/N値の変化は窒素含有率が大き

く影響しているので，炭素率という用語はふさわしいものではない。

一方，土壌中の有機物を分解する土壌微生物の体の炭素-窒素比をみると，畑土壌の微生物の場合は次のようになっている。

- **細菌**：4〜6
- **放線菌類**：6前後
- **糸状菌のカビ類**：10前後
- **糸状菌の担子菌類**：10〜13

分解微生物は，細胞分裂を重ねて増殖をしながら有機物を分解するが，そのためには分解対象となる有機物に相当量の窒素が含まれていなければならない。たとえば，稲藁のような炭素-窒素比が60〜70程度の植物遺体を畑土壌に混入した場合，分解微生物が有機物を分解して利用するためには分解対象に含まれている窒素のみでは不足するので，土壌中に含まれる窒素を利用して増殖しようとする。そのため，植物は稲藁が十分に分解されるまでの間，窒素を利用することができなくなって成長が停滞してしまう。これが窒素飢餓現象である。針葉樹材チップのようなほとんど窒素が含まれてなく炭素-窒素比が1,000以上にもなり，しかもリグニンが多く含まれている資材の場合，分解微生物は増殖することがなかなかできず，そのため有機物の分解はほとんど進まず，急激な窒素飢餓現象は生じにくい。しかし慢性的な窒素飢餓現象が長期に続くことになる。

農地土壌に窒素固定菌と共生するマメ科植物の茎葉を緑肥として施与することが行われているが，ほかの植物の落枝落葉や藁類を混入することは基本的には行われない。その理由は，マメ科植物茎葉の炭素-窒素比が小さく，土壌中で速やかに分解されて，植物に窒素を供給するのに対し，稲藁類は炭素-窒素比が大きく，急激な窒素飢餓現象を生じさせてしまうからである。

2 堆肥化と堆厩肥の効用

前述のようなさまざまな病害虫の発生，窒素飢餓あるいは窒素過剰の障害の発生を未然に防ぐには，十分堆肥化して，生の有機物を使用しないことである。特に木質有機物を良質な堆肥とするには熟成に十分な時間をかけて好気的発酵を持続させる必要がある。好気的発酵中の堆肥は堆積内部の温度が60〜80℃にもなる（ときには120℃以上になって自然発火することもある）ため，病原菌や害虫の幼虫，卵はほぼ死滅する。また有害なフェノールやタンニンも，たとえば65℃で2週間，60℃で3週間の発酵過程でほぼ無害化される。堆肥工場では，木質有機物を堆肥化するにはチップ化したものに鶏糞などの窒素肥料とごく少量のリン酸肥料を加えて適度な水分を保ちながら半年ほど寝かし，その間4〜5回の切り返しを行って，堆積物の中心まで十分な酸素を供給して好気的発酵を維持しながらつくる。特殊な発酵菌を添加することもあるが，その効果については異論もある。その理由は，有機物の堆積物中には極めて多くの種類の微生物が生息し，特定の菌種が過度に増殖するのを抑制しているからである。新鮮な木質チップの場合，現在普通に行われている製法では半年ほどの熟成期間で出荷するので，木質部分が未熟なままのことが多い。

(1) 堆肥施用の効果

有機性廃棄物を完熟堆肥にして土壌改良の必要な場所に施用するということは，言い換えれば，これまで大量の良質土を客入（客土という）して植栽基盤としてきた緑化技法を根本的に改める，ということである。黒ボク土などの腐植に富んだ良質な客土は，これまで農地や林地を破壊して得ることが多かった。環境問題がいっそう厳しさを増す状況のなかでは，今後も同じことをくり返すことは許されない。農地や林地を保全し，その土壌の生産性を維持したり高めたりする努力は，二酸化炭素の排出を減らし，長期にわたる炭素の固定という意味でも極めて重要であろう。堆厩肥（たいきゅうひ）の重要性を理解し，有効利用を図ることは現代の最も重要な課題のひとつであると筆者は考えている。

① 堆肥の地力改善効果

農耕地の作物生産力を表す用語として“地力”という言葉が使われている。地力の大きさを左右する要因は無数にあり，大きく自然的条件と人為的な条件に分けられ，自然的条件は，さらに土壌の内的要因と外的要因に分けられる。これらを整理すると表7-1のようになる。このうち，土壌条件に書かれている項目のほとんどは腐植と深く関係している。

「地力とは何か」については昔から多くの議論が重ねられてきたが，一言でいえば「植物を育てる土壌の能力」（農地についていえば作物，林地についていえば

［表7-1］ **農耕地の地力を左右する主な要因**

① 自然的条件	
地形条件	低地か山地か・標高・尾根か中腹か谷か・傾斜度・斜面の向き・集水地形か散水地形かなど
地質条件	母岩の種類・風化度・母岩の塩基含有量・地層の堆積条件など
気候・気象条件	日射量・降水量・積雪量・平均風速・潮風害の有無など
土壌条件	土性・土壌構造・腐植の性質と多寡・通気透水性・保水性・可給態肥料成分量・保肥力・pH・重金属や発根阻害物質に対する緩衝能・土壌微生物活性・土壌動物活性・土壌病原菌の有無と増殖抑制力・表層土壌浸食（シート浸食やガリ浸食）の有無など
② 人為的条件	
耕耘深度（有効土層の厚さ）	
肥料や堆肥の施用の有無と程度	
除草剤等の農薬散布の有無	
灌漑・灌水管理の有無と程度	
防風林や防風ネットの有無と規模	

林木を育てる能力）となろう。その地力要因を分析してみると自然条件と人為条件に分かれ，また，物理的，化学的，生物的の3要因にも分かれるが，地力の改善方法としての堆厩肥の役割はとても大きい。

堆厩肥施用の効果は，肥料としての直接的効果と，土壌改良資材としての間接的効果に分けられる。肥料としてみれば，堆厩肥の肥効成分はその原材料により大きく異なるが，普通には窒素0.5%程度，リン酸0.2～0.3%，カリウム0.5～0.6%程度を含んでおり，さらに植物が必要とするほとんどすべての微量要素も含んでいる。堆肥が含有する肥料成分のうち，カリウムは有機化していない（植物細胞の構成物質とはなっていない）ので比較的速効性であるが，窒素，マグネシウムなどは有機態となっている。土壌中にあるリン酸は普通，リン酸アルミニウム，リン酸カルシウム，リン酸鉄などになっていて水に難溶性であるが，堆肥中のリン酸も有機態となっているので，そのままでは植物は吸収できない。しかし，有機物の分解が進むにつれて無機化されて可溶性となりやすく，比較的植物の吸収効率がよい。リン酸に限らず有機態の窒素やマグネシウムも，植物が吸収するにはいったん無機化されなければならないが，それには時間がかかるので，堆厩肥を続けて施与すると，特に量の多い窒素分が累積され，窒素分の長期的な供給力は増大する。また，堆厩肥の分解が進んでコロイド粒子ほどに小さくなった腐植の微粒子は表面がマイナスに荷電し，土壌中の活性アルミナと結合しやすく，その毒性を抑えることができる。つまり「礬土性（ばんどせい）の抑制」ということで，土壌によるリン酸の難溶化を抑制し，リン酸肥料の肥効を高める効果がある。このほか，土壌構造の団粒化促進や土壌微生物の活動を高め，根系の発達を促進する役割も大きい。以上のことが土壌の透水性と保水力を高め，ひいては降雨などによる水食を防止することにつながると考えられる。

一般的に堆肥中の有機態となっている肥料成分が無機化するのに時間がかかり，即効的な肥料効果は小さい。特に炭素-窒素比の大きい木質堆肥は，肥料効果は出にくい。しかし，木質堆肥は，化学肥料や厩肥（きゅうひ）と異なり物理的な土壌改良効果は大きい。木質堆肥は一般的に粒度が粗く土壌施用後，分解に時間がかかるために，孔隙を増大させるなどの土壌改良効果は長続きする。堆肥の施用効果

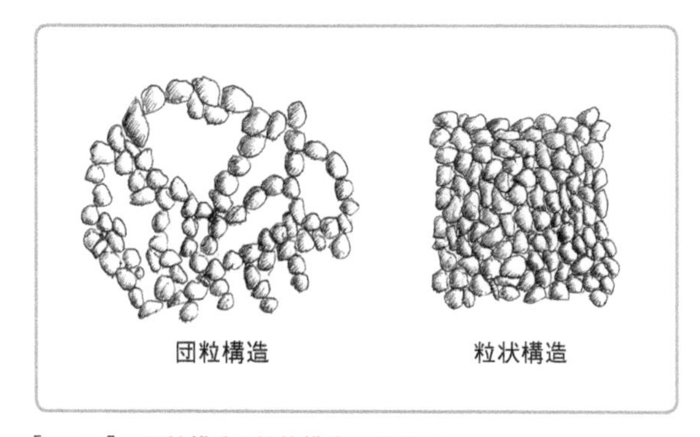

［図7-4］ **団粒構造と粒状構造の模式図**

［図7-5］ **ミクロ団粒とマクロ団粒の模式図**

は，発根促進効果や肥料効果以外に，土壌の通気透水性を高め，一方では保水効果も高める効果がある。腐植の少ない土壌に炭素–窒素比のやや高い堆肥を施用すると，団粒形成（図7–4，図7–5）を促進する効果も認められている。腐植は粘土鉱物と結びつく性質が強く，粘土粒子どうしを接着して大きな団粒にするはたらきがあり，また，土壌動物や土壌微生物の活性を高めて活動を活発化させ，それらの生物は有機物を細かく砕き，分解するとともに，土壌粒子と有機物を混合して土壌粒子どうしのルーズな接着を促進する。ただし，団粒構造は極めて脆く，わずかな踏圧や雨滴の衝撃でも簡単に壊れてしまうので，農耕地では永続的な堆肥施用と耕耘が欠かせないものとなっている。

② 堆肥の発根促進作用

堆肥を施用した土壌と施用していない土壌とを比較すると，細根の量が大きく異なることがしばしば観察されている。堆肥による発根促進効果として，堆肥中に含まれる有機態の肥料成分が徐々に無機化され，細根の分岐を促進するはたらきがあると考えられる。実際，土壌に化学肥料を施用しても根量が増えることは確認されている。

さらに，堆肥中の微生物がわずかに生産する植物ホルモン，特にオーキシン類（そのなかでもIAA）の効果も重要と考えられている。オーキシンは植物体では主に若い葉や活力のある芽で生産され，篩部を下降して全身に送られる。茎葉の頂部では上長成長を促し，枝や幹では肥大成長を促し，根では側根の形成を促す。また，幹に傷ができた場合，その部分に損傷被覆組織（カルスということもある）を形成したり，不定根を形成したりするはたらきもある。オーキシンは樹冠上端で生産されて下方に移動していく間にどんどん消費されるので，根系では極めて薄い濃度（茎葉での濃度の1,000分の1〜10,000分の1の濃度）となり，その薄い濃度で発根を促進する効果をもつ。茎葉でみられる濃度は根系では濃過ぎ，かえって発根を阻害するといわれている。有機物分解微生物が生産するオーキシンは極めて微量であり，しかもサンプル間の変動が大きいので，正確な定量は困難とされているが，そのようなごく薄いオーキシン濃度が側根形成を促すとされている。

堆肥の発根促進作用の別の要因として，堆肥がもつ高い緩衝作用が考えられている。腐植含有量が多い，あるいは陽イオン交換容量が極めて高い良質な堆肥を十分に混入した土壌は，酸性雨が降り注いで酸性物質が土壌に供給されても土壌pHはほとんど変化せず，中性〜微酸性を保っている。H^+が長期に供給され続けても中性に近いあるいは微酸性の状態を保っているということは，Ca，K，Mgなどの塩基類を土壌粒子が保持し続けていることを意味し，根系発達に有利に働く要因となる。逆に，土壌にOH^-が大量に供給されても，pHの上昇は極めて緩慢で，急激なアルカリの害が出にくいことを示している。また，緩衝作用が高ければ，土壌中の発根阻害物質の毒性を和らげ，あるいは無害化するはたらきも高いことを示す。このことも根系発達に有利に働くのであろう。

(2) 堆肥の土壌への施用方法

近年の都市地域におけるヒートアイランド現象とそれに伴う大気の乾燥化は，都市に生育する樹木にも水不足を招来し，生育が停滞あるいは衰退する現象が起きている。これには踏圧等による土壌の固結化，路面のアスファルト舗装やコンクリート建造物による土壌露出面の減少，下水道網の整備などにより，土壌中へ雨水が浸透しにくい状況が生まれていることも大きく影響している。それゆえ建物の屋上や道路に降った雨水をいかにして土壌へ浸透させるかといった都市構造に直接かかわる問題もあるが，もうひとつ重要なことは，樹木の根を土壌深くまで誘導し，乾燥に強い体質とすることである。これには同時に通気透水性を改善することが不可欠となる。

土壌の通気透水性の改善方法は，新植の場合には現地土壌に機械力を使って深く耕耘したり暗渠排水網を敷設したりすればよい。しかし，すでに植物が生育しているところでは既存の植物根を傷めないことが肝要なので，ひたすら細い縦穴を深くまであけるのが最も合理的である。その際，浅い層に不透水層がない場合には，単に穴をあけるだけでよい。次にこれらの穴に完熟堆肥を投入することによって，効果はさらに高くなる。

普通，砂地など乾燥しがちな場所では表面が乾いていても地中の深いところは水分があるため，樹木の根はその水を求めて伸び，結果として深く広く発達した根となる。しかし，都市の土壌のように表面が固結して孔隙が不足し，雨水の浸透が阻止されていたり，地下水位が低下あるいは遮断されたりして，樹木の根が表層に集中すると，環境の乾燥傾向が強まっているにもかかわらず，逆に乾燥に弱い体質となってしまう。前述の方法は，土壌への有機物還元と通気透水性の改善，根系の深層への誘導の3つを同時に解決する方法であり，費用的にも極めて少額ですむ技法である。ただし，投入する堆肥の品質は重要であり，良質なものを選ばなければならない。さらに，過湿な土壌やならたけ病，白紋羽病などの土壌伝染性病害が問題となる場所では堆肥の投入を控えたほうがよい。

7.2 堆肥化の注意点

1 堆肥化の目的

落葉，藁（わら），樹皮，家畜排泄物などを堆肥化する目的は，堆肥化過程での発酵熱によって資材中に生息する土壌伝染性の病原菌，線虫等の寄生虫，根切り虫の幼虫や卵，雑草種子などを殺し，さらに資材に含まれるフェノール性物質を変質させて植物根への毒性をなくすことが主目的である。また，十分に熟成させた堆肥中には，当初は極めて少なかった放線菌類がみられるようになる。放線菌類のなかには抗生物質を生産するものも多く，根頭がんしゅ病のような土壌伝染性の細菌病を防ぐ効果もあるとされている。堆積中に出現する糸状菌も，最初と最後では種類が大きく変化する。

2 原料による堆肥の性質の差

豚糞，牛糞などの家畜排泄物のように炭素-窒素比が低い資材の場合，分解は極めて早く進み，短時間で堆肥化が終了する。そのときつくられる堆肥は土壌中で速やかに分解されるので，土壌改良効果よりも肥料効果のほうが大きい。逆に，炭素-窒素比の高い廃材や樹皮を主原料とするバーク堆肥のような堆肥は，堆肥化に時間がかかり，完成した堆肥も肥料効果は少なく，土壌中に長くとどまるために土壌改良効果の方が高い。剪定枝条チップを堆肥化した場合や畜舎の敷料を堆肥化した場合，排泄物や葉のような易分解性部分と，木片やコルクのような難分解性部分とでは分解時間が異なるため，外観上は黒くなってにおいも良質な堆肥のようになっていても，木片部分はほとんど分解していない，ということが多い。

3 堆積の高さと堆積中の温度変化

家畜排泄物のように窒素含有量が多く，発酵速度が急で発熱温度が高い資材は，堆積の高さがあまり高くなくても内部は60℃以上となるので，一般的には1 m程度で十分である。家畜排泄物の場合，含有水分量が多いので，堆積高さを高くしすぎると，堆積物の中心に酸素が届かず，嫌気的発酵をしてしまう，という問題もある。しかし，樹皮片や木片のように粒度が大きく発酵が緩慢な資材の場合は堆積高さを2 m程度あるいはそれ以上，堆積容積を数m^3とすると，熱が逃げにくくなって内部の熱が60℃以上となる。内部発酵熱が60℃以上になると，植物の病原菌のほとんどは細胞膜などのたんぱく質の熱変成により死んでしまう。また，植物の生細胞から分泌されるフェノール性物質は，植物根系の生育や種子の発芽を阻害する作用があるが，堆肥化過程で受ける高温により変質して毒性を失い無害化される。堆積中の内部温度は80℃程度になることも珍しくないが，ときに150℃以上になり，分解過程で発生したアルコールなどが自然発火して燃えだすこともある。

堆肥化には切り返しを数回くり返して堆積資材全体が高温を経験するようにすると，易分解性物質が分解され，安定した物質であるリグニンも少しずつ変化してより安定した物質に変化する。易分解性物質の分解が進むと，発酵熱は下がり，次第に15℃前後に安定していく。堆積中の温度変化と易分解性物質の量の変化によって，微生物の種類が変化する。

堆積中の内部温度は常温（50℃未満）と高温（50℃以上）に分けられるが，堆積開始からの堆積温度は，常温 → 高温 → 常温と変化し，生息細菌も中温細菌 → 高温細菌 → 中温細菌と変化する。しかし，最初の中温細菌と後の中温細菌は別種である。木質物中のリグニンは細菌類，子嚢菌類，放線菌類ではほとんど分解できないので，リグニンは最後まで残される。リグニンが分解されるには品温が常温にまで下がり，担子菌類が侵入するまで待たなければならないが，実際に販売されている木質堆肥の多くは木質部分が未分解の状態である。

バーク堆肥の製造過程で原料に分解促進のための微生物資材を添加することも行われているが，それによって熟成がどの程度早まるかについては不明で，現時点では否定的な見解が大勢である。その理由として，原料中にはもともと極めて多様な微生物フロラがあり，そのなかには他の菌を攻撃する菌も多く，特定の菌が過度に増殖するのを妨げるはたらきがある，というものである。

7.3 堆肥の品質の判定法

堆厩肥は多様な有機資材でつくられており，製造方法も多様なので，品質はまちまちである。現時点では堆厩肥の統一された品質基準はないが，その要因として最も大きなものが，原料によって分解，発酵のしやすさや速度がまったく異なり，一律に製造方法や品質基準を決めることが困難なためである。植物性有機物の多くは，乾燥重量に対して50％程度が炭素であり，その値は植物の種類あるいは部位によってもあまり変わらないが，前述のように窒素の量は実に大きな変化があり，腐熟速度に著しい差がある。

堆肥の良否の判定には前述の炭素-窒素比（C/N値）もひとつの参考となるが，みかけ上の炭素-窒素比は堆肥に窒素肥料を加えるなどで意図的に操作でき，また化学性の分析は時間もかかり現場では困難なので，外観やにおいから判定する方法が重要である。次に，面倒な分析を行わずに比較的容易にできる腐熟度判定法を紹介する。

1 外観からの判定法

- **色調**：暗褐色か黒褐色を呈しているのがよい。
- **水分**：手で固く握ったときに水がわずかに染み出る程度がよく，過湿なものは嫌気的発酵をした不良品の可能性が高く，逆に乾いているものは発酵温度により水分が蒸発しているのに補給されないために発酵が止まってしまった未熟品の可能性が高い。
- **臭気・香り**：森林表土の腐植土のようなにおいがすればまず問題はない。この土壌特有のにおいは放線菌類の一種のストレプトマイセス属によるものである。しかし，フェノール性物質の芳香や樹脂のにおいが残っていれば未熟であり，アンモニア臭やアミン（NH_3の水素原子を炭化水素基Rで置換した化合物）臭，卵の腐ったようなメルカプタン（チオールともいう。メルカプト基-SHをもつ有機化合物R-SHのこと。Rはアルキル基などの炭化水素基）臭，酸っぱいような低級脂肪酸臭があれば，過湿状態で嫌気的発酵をした不良品である可能性が高い。

- **触感**：手で揉んだときに崩れてバラバラになるものは腐熟がかなり進んでおり，木質堆肥の場合，堅い材やコルク質が残っているものは未熟である。
- **菌類の菌糸や子実体**：堆積状態で表面にキノコやカビが発生したり，菌糸網が形成されていたり，ハエがたかったりしているものは発酵温度が低く，雑菌が死滅していない，あるいは易分解性有機物の分解の進んでいない不良品である可能性が高い。

2 野菜種子の発芽試験

堆肥の腐熟度を種子の発芽状態で検定する方法で，比較的容易だが確実な方法である。比較的速く発芽し成長する野菜の種子を使う。以前はハツカダイコン（ラディッシュ）の種子を使うことが多かったが，近年はコマツナ種子が最も多く使われている。まず堆肥に10～20倍の蒸留水を加え，

- 室温で30分間往復振とうする
- 60℃の温浴中で3時間抽出する
- 30分程度煮沸して熱水抽出する

という手順で堆肥中の可溶成分を抽出する。この溶液を濾紙（ろし）2枚で濾過して，その濾液10 mlをあらかじめ濾紙2枚とガーゼを敷いたシャーレに入れ，その上からコマツナの種子を50粒まく。このとき対照区として同様のシャーレに水10 mlを入れて種子をまく。

次いでシャーレに蓋（ふた）をして20℃以下の室温に保ち，対照区の種子がほぼ100%発芽した時点で発芽率と根の発生状態を観察する。発芽率と根の長さは対照区を100としたときの比率で表す。

この検定では，発芽率よりも根の発生と伸長成長のほうが重要である。種子の発芽は堆肥が少々不良品であっても順調に行われることがあり，たとえ発芽率が100%でもそれだけでは堆肥の品質を保証することができない。しかし，根の発

生とその後の伸長は，堆肥の品質に強く影響される。

この発芽試験はカイワレダイコンなどの種子でも行うことができる。また，堆肥を直接シャーレにとり発芽状況を観察することもよく行われており，そのときの対照区としては洗浄した砂や赤玉土などが使われる。なお，直接堆肥をシャーレにとって種子をまく方法では，しばしばカビが生えて発芽が阻害されたり，枯死したり，発根が阻害されたりすることがあるが，このような堆肥は不良品の可能性が高い。

3 苗木の栽培試験

堆肥を小型のポット（コンテナ）に入れて植物の苗を植えつけ，その生育状態を観察する方法である。時間はかかるが確実な方法である。たとえば，容積で堆肥100％区，堆肥と基土（腐植のない山砂あるいは赤玉土が多く使われている）50％ずつ区，堆肥25％に基土75％区，堆肥10％に基土90％区，基土100％区の5区分でポットに培養土を入れ，そこに植物を植えつける（堆肥と基土の比率は試験目的や堆肥の原材料などに応じて適宜決める。肥料効果の高い資材ほど混入割合を少なくするとよい）。一定時間経過後に生存個体数，供試植物の上長成長量，茎の根元径成長量，地上部と地下部の重量，葉色，葉の大きさ，枚数などを計測する。堆肥が不良品であれば生育が阻害され，無機態窒素の多少は上長成長量，葉色，葉の大きさなどを左右する。この試験で注意しなければならないことは，最初に植物を植えつけるときに移植前の培養土を，根を傷めないようにしながら洗脱させることである。ただし，幼植物栽培試験は堆肥の本来の持ち味である土壌改良効果をみるものではなく，肥料効果をみているだけなので，この成績だけでは堆肥の良し悪しは決められない。

4 堆積熟成中の温度変化の観察

堆肥化の過程で原料堆積後すぐに内部の温度が上昇し，普通は70～80℃に達してその後次第に下がるが，撹拌後再び上昇すれば腐熟が順調に進んでいる証拠である。堆積後あまり時間が経っていないのに撹拌後も温度が上がらなければ，乾燥して熟成が止まっている可能性が高い。

Column 22

バーク堆肥

バーク堆肥（樹皮堆肥）は故 植村誠次博士（国立林業試験場浅川実験林長を経て玉川大学教授）によって考案された。昔，製紙会社は新聞紙用紙等の原料としてグランドパルプ（樹皮を剥いだ丸太を砥石で磨りつぶして繊維をとり出したパルプ）をつくっていた。その木材原料としてアメリカから大量に針葉樹材（主にツガ材（Hemlock））を輸入していたが，剥いだ樹皮は廃棄物として製紙工場のチップヤードに長期間野積みされていた。そして時折自然発火でくすぶることもあり，乾燥しているときは強風で飛散することもあった。そこで，当時林業試験場にいた植村博士に相談したところ，「堆肥にしよう」ということになり，堆肥化にとりくむことになった。最初にできた堆肥の品質はすばらしく，評判がとてもよかったので，全国各地の環境緑化事業や公園造成で使われた。ところが，バーク堆肥の品質が近年低下しているようである。いくつかの要因が考えられるが，初期につくられたバーク堆肥の原料となった樹皮は長年野積みされていたので，熟成がかなり進んでいた。ところがその原料はすぐに枯渇し，新鮮な樹皮を原料としたが，熟成期間や切り返しの回数などの製法は変えなかった。また，アメリカが原木の輸出を禁止したため，他の原料に切り替えたが，広葉樹樹皮を使っている間はまだ大きな問題とはならなかった。しかし，広葉樹樹皮も底をついたため，スギ皮などを使うようになった。スギ皮は屋根葺き材料としても使われるほど腐りにくい材料であるので，腐熟させるには数年はかかるためである。

7.4 緑地等における堆肥の利用

1 農耕地における利用

農耕地での堆肥施用は多大な労力が必要であり，現代日本の厳しい農業環境では多くの困難を抱えているが，その効果は著しいものがあるので，工夫を凝らして進めてもらいたいと思っている。

(1) 水田での効果

堆肥が水田に施用されてから肥料効果を発揮するためには分解され無機化されなければならないが，低湿地の排水不良な「湿田」は還元状態のことが多く，有機物は分解されにくいため，せっかく施用した堆肥も未分解のままに終わったり，嫌気的発酵をしたりして，かえって農作物の減収を招くことがある。堆厩肥の効果が期待できるのは排水性のよい「乾田」である。かなり以前であるが，農林水産省が全国で行った施肥標準試験地の成績では，湿田の泥炭質土壌と乾田の灰色土壌を比較すると，乾田のほうが堆肥の施用効果の高いことが示されている。乾田は毎年土壌が湛水と乾燥をくり返すので，湛水期は有機物が集積し，乾燥期に堆肥の窒素肥効が上がり，有機物も速やかに消費されるので堆厩肥施用の効果は大きい。なお，モンモリロナイトに富んだ粘土の乾田には図7-6に示すような自然の自己撹拌作用もあり，これをギルガイ現象という。ギルガイ現象は，雨季と乾季が明瞭に分かれた熱帯モンスーン気候下にある湿地帯で顕著にみられる。

(2) 畑地での効果

日本の畑作地は多くが洪積台地上にあり，洪積台地の多くは酸性の鉱質土壌か，火山灰性の土壌である。これらの土壌では，堆厩肥の役割は極めて大きい。普通，土壌粒子の表面は負の電荷であるが，鉱質土壌や火山灰土壌のように粘土の珪礬比（ケイ素/アルミニウムの値）が2以下のときには，土壌粒子の陽荷電が強くなり，主に陽荷電となっている肥料成分を吸着せず，植物への養分供給が不足するようになる。そこへ堆肥を施用すると，堆肥中の腐植酸が土壌に陰荷電を与えるはたらきをし，土壌による肥料成分の吸着を増大させる。火山灰土壌では特に土壌粒子のリン酸吸着力が強く（リン酸吸収係数が大きい），植物根によるリン

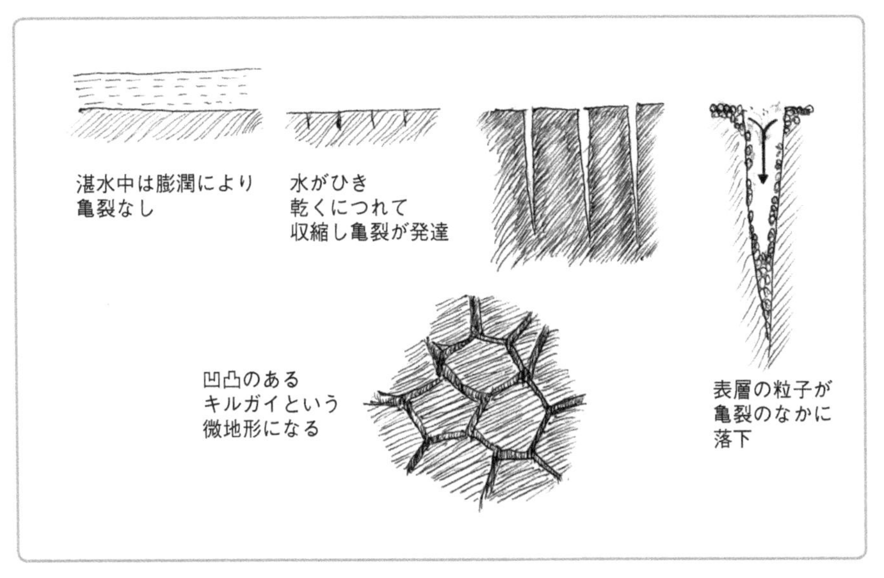

［図7-6］ **乾湿をくり返す粘土質土壌における自己攪拌作用**（ギルガイ現象）

Column 23

柱状節理

火成岩が地表に現れたり地中の浅いところで冷却されたりして収縮する際に，岩石内部に引張り応力が生じて亀裂となる。岩盤の隆起などにより地中にあったときに作用していた圧縮力がなくなったときに生じやすい。玄武岩は主に六角柱状に亀裂が生じやすい。原理的にはギルガイ現象と同様である。日本を含む世界各地に玄武岩などの巨大な柱状節理がみられる。台湾の澎湖諸島には見事な柱状節理がある。

酸の吸収が阻害されてリン酸欠乏症が問題になりやすいが，堆肥中の腐植酸が陽荷電を中和してリン酸吸収力を弱め，リン酸肥料の肥効を高めるので堆厩肥の多量施用が収量増加に大きな効果をあげることが報告されている。堆厩肥を土に施用した後の化学分析では，リン酸吸収係数の値が低下して有効リン酸の量が上がっていた。この理由は，鉄やアルミニウムに対する堆厩肥の緩衝作用（キレート効果）と考えられる。

2 林業における利用

林地では一般に肥料や堆肥は使われていなかった。その理由は，

- 基本的に林木は，野生植物とほとんど変わらないほどの肥料成分要求量であり，多肥栽培で育成され，またそれに適合するように品種改良されてきた農作物よりはるかに低い濃度の肥料成分条件で生育すること
- 森林においては基本的に落枝落葉が林外に運び出されることがほとんどなく，養分循環率が高いこと
- 林木の伐採は植林後短くて30年，長ければ100年に1度という超長期栽培であり，その間に落枝・落葉の分解により腐植層が発達し，腐植の陰荷電による肥料成分の供給効率がよく，特別に施肥を行わなくとも森林が成立すること

などの条件が揃っているからである。ちなみに，森林では樹木が吸収する窒素成分の60％程度は林木の落枝落葉から供給される，といわれている。しかし一時期，林地肥培によって林木の成長を早めることが提唱されたことがある。これは，

- 尾根筋などのやせた林地で施肥効果がかなり明瞭に現れること
- 林業労働者の減少から造林木の成長速度を上げて，植栽後数年間は必要な下草刈りの回数を減少させること
- 伐採までの期間の短縮を図ることができること

などの理由によるものである。そして，各地で林地施肥が実行されたが，

- 多くの森林が急傾斜地に立地しており肥料運搬が困難なこと
- 当初の予想よりも肥培効果のあがらない林分が多かったこと
- 施肥に相当の労力が必要であるのに林業労働者が不足していること
- 林業の構造的不況により肥培に対する関心が高まらなかったこと
- 河川の水質に影響を与えるのではないかと心配されたこと
- 成長がよく年輪幅が広い材よりも年輪が緻密な材のほうが材質がよく材価が高いこと

などの理由により，林地肥培は結局普及しなかった。

しかし，崩壊地，林道の法面，掘削地など，治山上早急に緑化しなければならないような場所の緑化工事では，有機物を主原料とした人工土壌の展着が行われている。この方法は緑化しようにも植物の生活基盤となる土壌がまったく欠けて，植生復元が困難な場所で行われている。このような人工土壌はウィーピングラブグラスなどの外来の牧草種子を混入して展着されることが多いので，人工土壌の品質が劣悪であると種子の発芽を阻害することもある。

このほか，日本の海岸には至るところに飛砂防備林が造成されているが，この飛砂防備林造成のときにも有機物が利用されてきた。従来，砂地造林では乾燥を防ぎ，土壌水分を保持するために，埋藁（うめわら）や敷藁（マルチング）が多く用いられてきた（図7-7）。

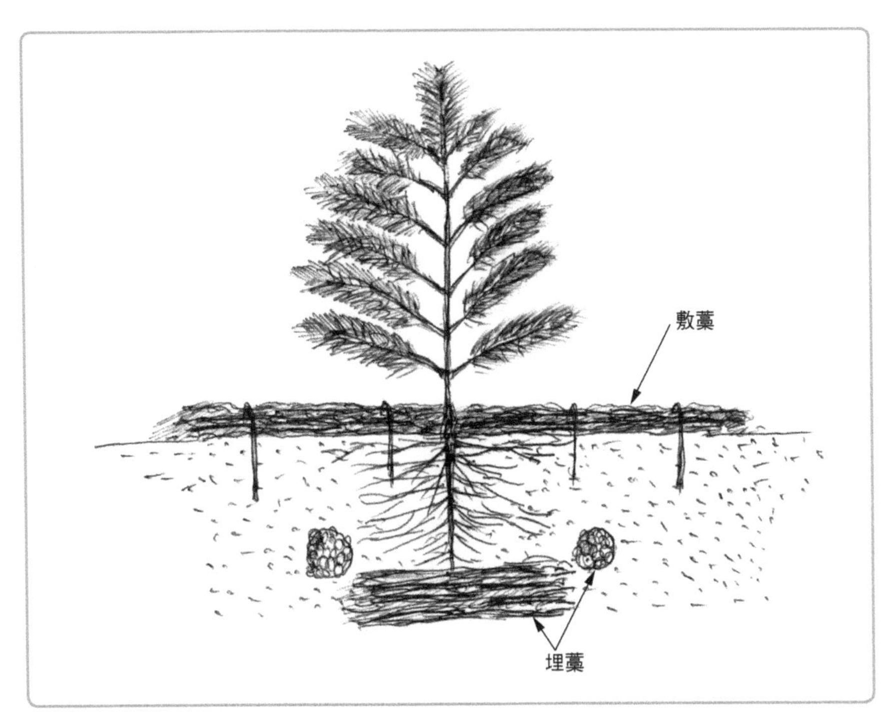

［図7-7］ **海岸砂丘での埋藁と敷藁による植林法**

3 植木苗畑における利用

植木生産地の土地の消耗は激しい。その理由のひとつは植木が根や土をつけた状態で出荷されるからで，古くから続く生産地では土地の消耗による老朽化が問題になっている。この解決策として，休閑，畑土壌の客入，有機質の大量施用などがある。畑土壌の客入はどこかの畑を破壊することになり，また費用的にも高くつくので，基本的には休閑と廃棄物の再利用である堆肥の施用のほうが，環境問題を広く考えると重要である。大きな植木生産地は比較的大都市に近いところに立地しているので，都市ごみコンポストも有力な資材のひとつであるが，苗畑では根鉢の掘り取りや根巻き作業など手作業が多いので，微少なガラス片の混入などの品質面に留意しなければならない。

現在，緑化樹木はポット（コンテナ）による苗木生産が盛んであり，大型のプラスチック容器による生産も行われている。これは掘り取りや根巻き作業を省略し，根を傷めることなく運搬と移植を行える利点があり，使用される培養土は開発造成地から出てくる購入山土が多い。この山土にバーク堆肥などの堆肥類を30％ほど入れ，鶏糞やモミガラ燻炭などを加えて培養土としている。この方式であれば都市ごみコンポストの利用は十分可能と思われるが，堆肥が未熟な場合は苗立枯れ病が発生したり，コガネムシ幼虫など根切虫の大量発生を招いたりすることがあるので注意しなければならない。環境問題を考えると，今後は100％リサイクル利用の培養土の開発がもとめられるであろう。

4 公園・緑地における利用

公園・緑地の土壌の多くは自然の土壌ではなく，開発された劣悪な土壌である。

海岸埋立地にはコンビナートや大規模な住宅団地が建設されているが，それに伴い公園，緩衝緑地，工場緑地などが造成されている。しかし，そこの基盤はサンドポンプによる海底からの吹上げ土砂，地下鉄やビル工事などの建設残土，あるいは都市廃棄物などで構成されており，砂の場合は乾燥しやすく養分保持力が小さい。粘質なヘドロの場合は極端に排水不良で塩分がいつまでも抜けずに高いアルカリ性を呈するか，逆に硫黄を含んでいる場合は乾燥するにつれて硫黄と水と酸素が化合して硫酸を生成し，強い酸性を呈する土壌となる。このような地盤に緑化する場合は事前に大規模な改良が必要である。サンドパイルや暗渠排水網で排水をはかり，その後，全面客土を，多いところでは厚さ1〜2 mもしているが，それでも植物の成長は不良なことが多い。これは，潮風による害もあるが，多くは客土用土の山砂や火山灰土の養分不足と，重機による転圧のため地表が固結し不透水層となっているために根系の発達が著しく阻害されていることにある。そこで，植栽前に有機物を撹拌・混入して土壌の腐植含量増大を図ったところが多い。

内陸の丘陵地もニュータウン開発などに伴う公園，緑地造成が盛んに行われてきた。ここでは起伏の大きい傾斜地を平坦にするためブルドーザーなどの重機による大規模な土地の切り盛りが行われ，未風化土層が露出し，表面は固結した不透水層となっているため，緑地造成の際に大量の畑土の客土が行われるのが常である。しかし，良質土の大量客土は自然破壊につながり，経済的にも損失であるという反省から，一時期「表土保全」が行われたことがある。これは造成前に有機物を含んだ表土30 cm程度を剥ぎとって一時的にストックしておき，造成後に再び戻してそこに植栽しようというものである。しかし，播き戻すときにやはり重機を使うので固結してしまうこと，基盤と客土の間の不透水層を破壊しておかないと宙水が形成されやすく過湿になりやすいこと，経費がかかりすぎることなどの諸問題があり，一般に行われるまでに至らなかった。

最も多く行われたのは，パーライト（黒曜石，真珠岩などの火山性岩石を1,000℃ほどの高温で焼成して膨張させた人工的な軽量砂利）などのさまざまな土壌改良資材を土壌の浅い層に混入したり，植え穴埋め戻し土に混入したりする方法であったが，やはり通気透水性の根本的な解決には至らなかった。植栽時にどれくらいの堆肥を必要とするかは原土壌の質と植栽木の大きさなどにより異なるので，現場に応じて決める必要がある。

Chapter 8

樹木と肥料成分

8.1 植物の必須元素

ほとんどの植物の正常な成長に不可欠な元素を必須元素あるいは必須栄養元素という。そのなかでも特に多くの量を必要とする元素を必須多量元素といい，ごく微量しか必要としない元素を必須微量元素という。現在，必須元素としては15元素が認められているが，ニッケルを微量元素のなかに数える人もおり，塩素を数える人もいる。よって，必須元素は多量元素，微量元素のすべてを合わせると，次のように17元素となる。このうち，多量一次要素(2)以下が肥料成分である。

- **多量一次要素(1)**：炭素（C），水素（H），酸素（O）の3元素をいう（大気中から二酸化炭素として，土壌から水として吸収する）
- **多量一次要素(2)**：窒素（N），カリウム（K），リン（P）の3元素で，肥料3要素という
- **多量二次要素**：カルシウム（Ca），マグネシウム（Mg），硫黄（S）
- **微量要素**：ホウ素（B），塩素（Cl），銅（Cu），鉄（Fe(鉄を多量二次要素に入れる人もいる))，マンガン（Mn），モリブデン（Mo），ニッケル（Ni），亜鉛（Zn）

さらに，必須元素ではないが，特定の植物には必須あるいはその有無によって大きく成長差の出る元素を有用元素という。有名なものはイネ科やカヤツリグサ科の植物にはほぼ必須のケイ素（Si）がある。ケイ素は病気や乾燥のようなストレスに対する耐性を高めるとされている。ウリ科の植物やシダ類のトクサ，スギナなどもケイ酸集積植物として知られている。コバルト（Co）はマメ科植物にとって，根粒菌と共生関係を築くために必須とされている。コバルトが不足すると根粒菌のたんぱく質合成が阻害されることがわかっている。アルミニウム（Al）は多くの植物にとって有毒であるが，チャノキ栽培にあたっては不可欠で，不足

すると根腐れを起こしやすくなるといわれている。アルミニウムの毒性がチャノキの根腐れの原因となる真菌類の繁殖を抑制するという説がある。イタドリやススキは新鮮な火山岩や火山灰の立地環境にもいち早く侵入する植物であるが，何らかのアルミニウム耐性機構をもっているようである。バナジウム（V）は窒素固定機能をもつ根圏微生物であるアゾトバクター類の生育を促進するといわれており，セレン（Se）はマメ科のレンゲ類の生育を促進するといわれ，リチウム（Li）はキンポウゲ科とナス科の植物の一部にとって有用といわれている。ほかにストロンチウム（Sr），ルビジウム（Rb），ヨウ素（I），チタン（Ti）も一部の植物にとって有用元素といわれている。

8.2 樹木の栄養診断

1 栄養診断と養分欠乏症

植物は種ごとに異なる養分吸収特性をもっており，活力状態や土壌状態によっても養分吸収量が異なる。よって，土壌の性質とそこに生育する植物の栄養生理的特性を理解することが重要である。一般に，植物の生育は土壌から供給される各種養分の量に大きな影響を受け，土壌に含有される養分のうち，最もその場所の植物が利用しにくく不足しがちな物質の量に大きく支配されるといわれている。これはリービッヒの最小律として知られている。各肥料成分の吸収と利用について詳細にみると，各肥料成分が相互に不足成分を補う性質があることから，この考え方は必ずしもすべての条件に当てはまるものではないが，多少のずれはあっても大きく見れば当てはまるものである。したがって，農作物の場合は，土壌養分分析を行って最も不足している養分を適切な方法を用いて供給することによって，生産性の向上を図る方法が盛んに行われている。

一般の農作物では施肥は極めて重要であり，作物の種あるいは品種ごとに肥培管理技術がある程度確立されているが，緑化樹木や林木においては，一部の果樹園芸品種を除き，養分要求面ではほぼ野生種と同じと考えてよく，作物ほど肥料成分を要求しない。そして普通は，生育に必要な成分は立地土壌中にほぼそろっている。ゆえに，林木や緑化樹木については肥培管理をほとんど考慮しなくても差し支えないであろう。しかし，樹木が正常に成長するためには最低限の肥料成分は必要であり，ときに養分欠乏症が生じることもあるので，次に多量要素の養分欠乏症について詳述する。

2 林木に現れやすい養分欠乏症の特徴と対策

樹木の苗木については，水耕法や砂耕法などによる養分欠除試験において，窒素，リン酸，カリウム，カルシウム，マグネシウム，鉄，マンガンの養分の欠乏症が確認されている。しかし，肥培管理が行われている林木の苗畑では，これらの欠乏症はほとんどみられない。林地ではマグネシウム欠乏症が報告されたことがあるが，大きく成長した樹木では，ある特定の肥料成分欠乏症が現れることはほとんどないと考えられる。

次に，主として肥培管理の行われている苗木を中心に，窒素，リン酸，マグネシウム，鉄・マンガンの欠乏症と，その対策について考察する。

(1) 窒素欠乏症と対策

窒素欠乏症は林業用苗畑，植木畑，開発造成された公園緑地およびゴルフ場などで現れやすく，自然土壌が保持されている山地では現れにくい。その特徴は全体に成長が不良で，葉が小さく，また濃い緑色を呈さずに淡黄色や淡黄緑色となりやすい。特にスギ苗木の場合には，床替初期から8月上旬に淡黄緑色を呈する。また，ヒノキの床替苗では，7～8月頃には全体が黄緑色を呈する。根切り虫（コガネムシ類の幼虫）の被害を伴ったときには，赤みを帯びた淡黄緑色を呈するという。

苗木の窒素欠乏症の要因として苗畑土壌や床土の窒素不足も考えられるが，育苗における床替用土への未熟堆肥施用により窒素成分の有機化現象（窒素飢餓現象）による場合が多いようである。

未熟堆肥を苗畑へ施用すると微生物による有機物分解が進行し，施した窒素肥料が微生物の増殖のために消費され（有機化），植物はいわゆる窒素飢餓症状を発症する。植木畑の肥培管理としては，播種床では十分に腐熟化した堆肥を施用し，地力窒素の増大と無機化の促進を図る。

林業用苗畑において肥培管理を行う場合，堆肥中に含まれる窒素（地力窒素）を主とする施肥設計が重要である。特にヒノキの場合は，他の樹種よりもアンモニア態窒素（NH_4–N）の吸収割合が多い。肥料成分の多い畜産堆肥と有機物含有量の多い木質堆肥を混合して堆積し，十分に腐熟させると地力窒素の多い堆肥を得ることができる。ただし窒素を過剰に施用すると，成長は速いが軟弱でストレスに弱い個体となりやすいので，注意が必要である。

(2) リン酸欠乏症と対策

リン酸欠乏症の特徴は，アカマツ・クロマツでは上位葉が帯紫暗緑色を呈することである。またサツキ・ツツジ類では葉が赤褐色を呈しやすく，症状がひどいときは枯れてしまう。スギ床替苗では生育初期段階（活着後）に上位葉が帯紫暗緑色を呈するが，特に葉の裏面に鮮明に現れる。なお，晩秋から厳冬期に現れるスギ苗畑の帯紫暗緑色は，低温により葉緑素とカロチノイドの一種のキサントフィルが減少し，同じくカロチノイドの一種のロドキサンチンの色が現れるためであり，リン酸欠乏症とは異なる。

アルミニウム活性の高い火山灰土壌では有効態リン酸が著しく不足していることが多い。リン酸が少ないのではなく，リン酸が鉄やアルミニウムと結びついて水に溶けにくく，根が吸収しにくい形態となっているためである。火山灰土壌ではリン酸アルミニウム，リン酸鉄などの形になっており，水にほとんど溶けず苗木の吸収できない不可給態リン酸であるので，可給態リン酸の施用を考える必要がある。

街路樹では，おそらくコンクリートから溶出した炭酸カルシウムとリン酸が反応してリン酸カルシウムとなって不溶化し，リン酸欠乏症が現れやすいと考えられる。

火山灰土壌では，化学肥料と堆肥あるいは過リン酸石灰と熔成苦土燐肥（ようりん）の混合施肥が，リン酸の肥効を高めることが知られている。植木畑では，秋期に熔成苦土燐肥を施し，春期に化成肥料を施す肥培管理が最適である。

(3) マグネシウム欠乏症と対策

マグネシウム欠乏症は緑化樹木・林木ともにほかの要素に比べて最も現れやすい欠乏症である。欠乏症の特徴として，老葉（下位葉）が黄色を呈することである。スギ苗木では秋期下位葉の先端部分が黄色を呈し，次第に退色するようになる。スギ幼齢林でも下位葉先端部分が退色する。マグネシウム欠乏症が老葉に表れやすい原因は，マグネシウムが葉緑体形成に不可欠な成分であり，植物体全体にマグネシウムが不足すると，古い葉の葉緑体を分解してマグネシウムを上部の新しい葉に転送する，という性質をほとんどの植物がもつからである。

ヒノキ苗木では下枝の下位葉部分（2年生葉）が黄色を呈する。アカマツやクロマツでは下位葉先端部分が黄色を呈する。マテバシイなどの常緑広葉樹では，古い葉の葉脈部分のみが濃い緑色を保ち，葉脈間は淡黄緑色になっていることが多い。

マグネシウム欠乏症を現す要因として，土壌中に交換性マグネシウムが不足している場合と，苗畑など肥培管理の行われているところでは，吸収されやすいカリウムやカルシウムが多くなり，マグネシウムの吸収が抑制（拮抗作用）される場合がある。

林地ではマグネシウム欠乏症はめったに現れないが，まれにみられる。その原因は，酸性土壌や火山灰土壌では交換性マグネシウムが不足しやすいためと考えられる。植木畑などでみられるマグネシウム欠乏症はカリウムやカルシウムとの拮抗作用によるもので，特にカリウム肥料の多施用により欠乏症を誘発することが多いと考えられる。なお，カリウムは植物組織を構成する成分ではなく，すなわち有機態とはなっていないので，極めて流亡しやすいために，特別に施肥することが多く，その結果，カリウム過剰となることが時折ある。

⑷ 鉄・マンガン欠乏症

鉄・マンガン欠乏症の特徴は，ともに頂葉もしくは頂葉部の黄白症状（クロロシス症状）が現れることである。普通，日本の自然土壌では不足する微量要素ではない。しかし，半乾燥地や乾燥地のアルカリ性の土壌では鉄が水に不溶なかたちになっており，鉄や銅の不足症状が出やすいとされている。鉄とマンガンは，植物体内で移動しにくい物質であるので，不足すると老葉よりも新葉に症状が現れやすい。なお，酸性土壌を好むツツジ類を中性から弱アルカリ性の土壌に植栽すると鉄欠乏症が現れやすいとされており，道路わきのツツジ・サツキ植栽地では鉄不足と思われる葉の黄化症状がしばしば見受けられる。

樹木の生育を阻害する土壌障害とその対策

植物の生育を阻害する土壌環境因子の評価と土壌管理との関係は図9-1のように説明される。土壌の障害要因のなかには処置方法（排水処理など）によって短

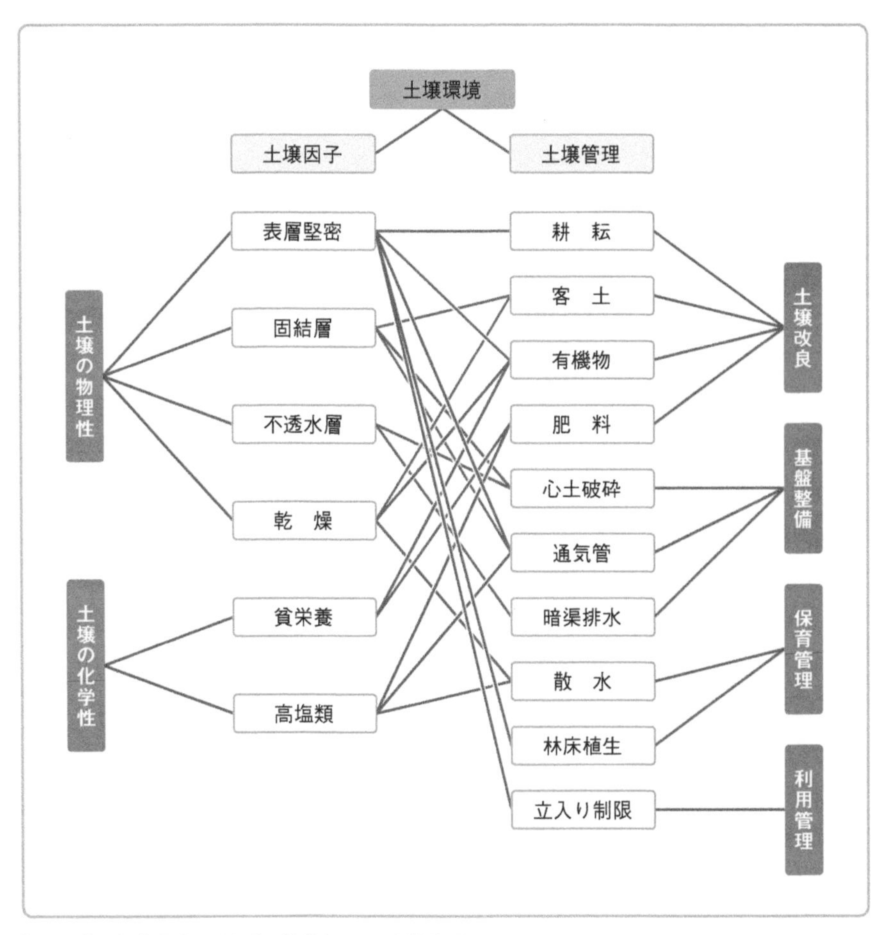

［図9-1］　土壌環境因子とその対策としての土壌管理

期間に除去できるものもあるが，その障害を除去し樹勢を回復させるには多くの場合，数年あるいは十数年を要する。

各種土壌障害要因とその対策は次のとおりである。

9.1 過湿障害とその対策

1 過湿障害の起きる要因

植栽地における過湿障害は，土壌空気中の酸素不足に起因する。土壌は固体が占めている固相と孔隙に二分され，孔隙はさらに液体が占める液相と気体が占める気相に分けられる。この固相，液相，気相を土壌三相という。土壌の種類や構造，固結度合いによって三相の組成割合は異なり，液相と気相を足した孔隙量は一般的に砂質土壌，埴質土壌では割合が小さく，それぞれ50%前後，55%前後であるのに対し，腐植に富んだ森林土壌では75%あるいはそれ以上に達する。

しかし，土壌水は降水の前後など，そのときどきの条件によって，その量が著しく異なっている。十分な量の雨が降ると，普段は気相となっている粗孔隙の一部も液相となる。しかし，降雨が止んでほぼ一昼夜経つと重力によって粗孔隙の水は下方に移動する。しかし，細孔隙（毛管孔隙）はほぼすべてが液相の状態となっている。そのときがその土壌の最大圃場容水量であるが，その後に樹木の根により水分が吸収され葉面から蒸散したり，地表面から蒸発したりして抜けていき，地表から空気が入って細孔隙も徐々に気相に変わる。そのとき下方や側方からの毛管水の供給があれば，多くの細孔隙は液相の状態が続く。普通，固相は降水によっては変化しない。もし降雨後，時間が経っても粗孔隙が液相のままであれば，その土壌は排水不良で過湿状態，ということになる。

樹木の生理活性が高まると，根から二酸化炭素が盛んに排出され酸素が消費されるが，それによって大気と土壌空気との間に，酸素分圧と二酸化炭素分圧の大きな差が生じ，土壌表層の気相では常に大気との間でガス交換が行われ，酸素が土壌中に入り二酸化炭素が大気中に出ていく。さらに二酸化炭素の一部は水に溶けて下方に移動する。しかし，土壌の粗孔隙の量が少ないと，大気と土壌孔隙の間のガス交換はほとんど行われない。ガス交換が順調に行われるか否かは土壌表層の通気透水性と深く関係し，また根系の呼吸障害の有無とも密接な関係がある。

根の呼吸障害は粗孔隙量の少ない堅密な土壌や埴質の土壌で起きやすい。気相の少ない土壌では，土壌中の空気と大気中の空気の間でガス交換が行われにくいため，土壌中の酸素が不足し呼吸障害を呈しやすい。根系の呼吸作用に伴う酸素の必要量は樹種によって異なり，根端の呼吸量の大きい樹種ほど過湿障害が出やすい。

細根が地表近くに発達する浅根性といわれる樹種は一般に呼吸量の大きい傾向を示す。逆に，細根が深部に発達する深根性といわれる樹種は根の呼吸量も小さく，過湿障害に耐える可能性が高い。さらに乾いた土壌を好む樹種では呼吸量が大きく，湿った土壌を好む樹種では小さい傾向がある。しかし，1本の木でも根系は浅い層に発達する水平根と深くもぐろうとする垂下根の両方があり，両者の間で根端の細根の呼吸量が大きく異なる。ほとんどすべての木は，大部分が水平根である。

水平根の根端の呼吸量は，乾いた土壌を好む浅根性のカラマツやアカマツで大きく，浅根性であるが湿性土壌に耐えるメタセコイアやヤチダモでは小さい。湿地性の代表的樹種とされているハンノキの場合，湿地を好むと思われがちであるが，やや乾いた土壌で生育するハンノキの水平根根端の呼吸量は案外大きい。ハンノキの場合，本来ならばやや乾いた適潤性土壌のほうが成長がよいが，そこではほかの高木性樹種と競争しても勝てないので，湿地に生育の場を移している，という説がある。ヤナギなど他の湿地性樹種も同様であろう。

2 過湿障害の現れやすい土壌状態

過湿障害は透水性，通気性の不良な土壌に現れやすく，その土壌は，

- 表層（おおむね深さ50 cm以内）に堅密な層がある
- 下層土が堅密で透水性が不良
- 土性が粘土質
- ごく浅い層に地下水あるいは宙水が存在

などの条件をもっている。これらの条件のうちの上2つは開発造成地に多くみられる条件であり，これは造成時のブルドーザーなどの重車輛による締め固めに起

因し，自然土壌では現れにくい要因である。下の2つは自然状態でも現れる障害であり，このような地形のところは湧水池や集水池となっていることが多い。なお，宙水は「ちゅうみず」ともいい，地下水の一種で，地表近くの浅い層の不透水層によって閉じ込められた停滞水である。

しかし，緑地では地形を著しく改変しており，本来の土壌は失われるか埋没しているので，表面的には呼吸障害を起こさないような地形でも，植栽樹木に著しい呼吸障害が生じていることがある。緑地土壌の多くはさまざまな土壌を積み重ねて形成され，自然土壌に比べて極めて不良な未熟土壌といってよい。このような造成地では，下層下部に重車輌によって転圧された固結層が存在しており，これが不透水層となって植栽樹木に過湿障害を及ぼし，樹木の多くは梢端枯死症状（梢端枯れ）を呈している。

3 過湿障害と対策

過湿障害をとり除くためには，過剰な水分をとり除く排水方法を考え，土壌の孔隙量と酸素量を増加させる土壌改良方法を考えなければならない。

(1) 暗渠排水

土壌の深さおおむね50 cm～1 mに暗渠排水網を埋設し，低地部分へ過剰水を誘導し排水する方法である。緩傾斜地，傾斜地では容易に埋設できるが，平坦地形では排水効率の悪いことが多い。

通常暗渠排水には石礫，パーライト，竹稈や粗朶（そだ），プラスチック製の有孔管（メッシュを円筒形にしたもの）などが用いられる。以前は土管も使われた。いずれも下層下部の排水が主目的であるが，通気性を高め土層の還元的状態を酸化的状態に変える効果がある。ゴルフ場などでは肋骨のような暗渠排水網が設置されている。なお，湿地の排水改善には蓋をしない明渠（開渠）が設けられることが多い。

(2) 有効土層の改良

植栽前であれば，土層を可能な限り深く耕耘して土壌中の粗孔隙（気相となっており，樹木が吸収可能なように細孔隙中の水分に酸素を供給する孔隙）を増加させて土壌の透水性，通気性を改善するのがよい。土壌改良資材として多孔質資材を撹拌混入することも行われている。もし耕耘が困難な場合は垂直に狭い縦穴を沢山あけるだけでも著しく改善される。通気透水性が改善された後には，植栽前に良質な堆肥を施与するのもよいであろう。ただし，通気透水性が不良な状態で堆肥を投入すると，堆肥が嫌気的な発酵をしてしまい，酸欠状態がひどくなってかえって呼吸障害の発生しやすい状態となる。

(3) 客土による改良

造成地の緑化では，固結した基盤に植穴を掘り，そこに客土をして植栽することが多い。前述のように呼吸障害の要因は，土層の通気透水性の不良と排水性の不良からきているので，植穴土壌のみを理学性の優れたものに改良しても，もしその外側が固結状態であれば，排水孔のないバケツに植栽するようなものであり，通気透水性不良の要因は除去されない。

通気透水性不良地に植穴を掘って客土した場合，植え穴に入れた客土の孔隙量は大きいので土壌中のガス交換は容易であるが，降雨時には周囲が排水不良のために植え穴の底に水が貯まり過湿障害を呈してしまう。このような場合には植穴下部に不透水層を突きやぶるように排水管を埋設したり縦穴をあけたりして水を抜くことが不可欠である。硬く締まった造成地に客土をして植栽する場合も，客土する前に硬い地盤を膨軟にすることが不可欠である。ただし，客土に頼りすぎるのは大きな問題がある。それは植栽用客土として利用される良質な土壌の採取には必ず自然破壊や農地の破壊をもたらすからである。可能な限り現地発生土を再利用し，客土は必要最小限にとどめるべきであろう。そのために植栽木の成長が多少遅くなっても，経済性を求めない公園や環境緑地では問題となることではない。

9.2 踏圧害

緑地の清掃は落葉や林床の地被植物をとり除いてしまい，土壌小動物や土壌微生物の生息環境を破壊し，人や車輛による踏圧は土壌を堅密化して，通気透水性を悪化させる。また人による踏圧も大きな影響を与える。既存木の周囲で踏圧が進むとやや深い根は窒息死し，ごく表層の根のみ生き残り，樹冠の上部の枝は枯れ下がってしまう。

土壌の理学性の改良目標は堅密な土壌の透水性・通気性の向上であり，そのためには土壌三相の容積組成を変える必要がある。そこで，一般には耕耘して堆肥や土壌改良資材を投入したり，土壌を入れ替えたりしている。しかし，この方法は既存樹木がある場合は使えない。

土壌改良資材としては多様な資材の投入が行われているが，自然にかえる生物由来の資材を最大限利用するのがよい。人の立入りを制限できない場所では，木道やデッキなどの踏圧防止策も行われている。

9.3 乾燥害

樹木の乾燥害は海岸砂丘でよく観察されるが，それは梅雨や秋霖のような長雨が続くと，砂土のような粗孔隙が多く細孔隙の少ない土壌であっても土壌孔隙中の気相は極めて少なくなり，特に下層は液相ばかりとなる。そうなると土層の深い層に伸びている細根は呼吸できなくなって死滅し，ごく浅い層の細根が盛んに分岐しながら伸び，細根は表層に集中する（図9–2，図9–3）。梅雨の後の盛夏期のように急に高温乾燥期がくると，表層に集中した細根は水分を吸収できずに乾燥害を受けてしまう。秋霖の時期も長雨が続くが，高温がなく植物は休眠期を迎えようとしているので，盛夏期のような乾燥害は発生しにくいが，それでも乾燥枯死する場合がある。乾燥害の症状としては樹冠上部の枝が枯れることが多いが，被害が著しいとき

［図9–2］ **表層固結により生じる根の壊死と，細根の表層への集中による樹冠上部の枝の枯損**

には樹木が完全に枯死してしまう。

一般に乾燥害を引き起こしやすい土壌条件は,

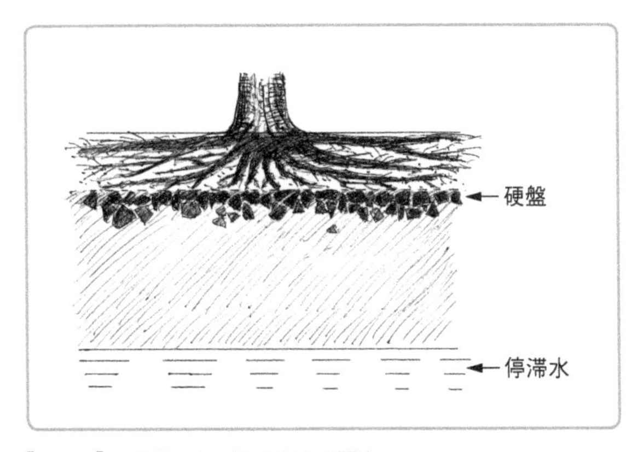

［図9-3］ **硬盤による根系発達の阻害**

- 砂礫地のように粗孔隙ばかりで透水性はよいが細孔隙が少なく保水力の小さな土壌
- 浅い層に硬盤があって根系全体が極めて浅く，また下層が過湿で豊富にある水も無酸素状態のため根系が深く潜れない土壌
- 下層が著しく顕密化（山中式土壌硬度計の指標硬度がおおむね25 mm以上）し下層からの毛管水上昇の少ない土壌

である。

1 砂土の乾燥害

砂土の固相容積は，一般的に臨海埋立地では海底土砂が乾くときに凝集作用が働き，また締め固められているので大きく，海岸砂丘などの自然の風積砂土では小さい。自然の風積砂土は，森林土壌の表層とほぼ等しい固相容積である。すなわち，孔隙量は大きい。乾燥害にかかりやすいか否かは孔隙量の多少ではなく，孔隙全体に占める水分保持力の大きい毛管孔隙量，すなわち細孔隙の割合で決まる。しかし毛管孔隙よりも小さい微細な細孔隙には，土壌粒子と強く結びついた容易には吸収できない水や結合水が含まれており，植物体はほとんど利用できない。砂土の場合，毛管孔隙量が極めて少ないため乾燥害が引き起こされやすいが，乾燥しているのは表層30 cm程度までで，それより下層部分は水を保持している場合が多い。これは砂土でもいくらかの毛管孔隙があることと，表層の乾燥が著しく，水の地表からの蒸発が遮断されるためである。砂丘の植物は乾燥害を防ぐために根系を深く潜らせている。地上部分は小さな植物も根は数mも深く潜っ

ていることが多い。砂丘で乾燥害を受けやすい樹木は，根が深くまで潜れないものである。

2 乾燥害の回避方法と土壌改良

(1) 保水性の改善

植物の根が吸収可能な水の保持力は，粗孔隙と毛管孔隙量の両方を増加させることで改善できる。すなわち植物根が呼吸するためには長期的には森林土壌のように土壌中の腐植含量を高めることによって土壌は膨軟になり，団粒構造が発達して粗孔隙，細孔隙いずれの孔隙も増えて保水性が高まる必要がある。

(2) 堆肥のマルチ（被覆）と蒸散抑制

粗孔隙は多いが，毛管孔隙が少なく保水力の小さい砂土のような土壌では，堆肥や藁を土壌表面にマルチし，土壌表面からの水分の蒸発を防止する方法が用いられている。堆肥は藁堆肥や落葉堆肥よりもバーク堆肥のような粒度の粗いもののほうがマルチ資材としては適している。堆肥のマルチは傾斜地形では困難であるが，平坦面では有効である。ただし，堆肥のマルチを厚く敷きすぎると，堆肥が乾いたときに疎水性を発揮して，その後に少々雨が降っても水を通さないことがある。特に堆肥層に菌糸網層が形成されると疎水性は著しくなる。また，堆肥層に細根が多くなるために，乾燥害が著しくなる。

砂地以外の自然土壌では，火山灰起源の洪積台地土壌で夏季乾燥害が生じやすい。また，植木の栽培地として多く利用されている西日本の赤黄色土壌は，腐植含有量が少ないために化学肥料施用の有無による生育の差が大きい。また，腐植が少ないために土壌が固結しやすく，夏季に乾燥害が生じやすい。そこで，多くの栽培地では粗朶や粒度の粗い樹皮，藁などによる表層土壌のマルチが行われている。

表層が薄く浅い層に礫層が存在する段丘土壌では，透水性はよいが保水性に乏しいため乾燥害が生じやすい。

街路樹の場合，生育に支障をきたすさまざまな不良要因が重なっているが，根系の範囲が狭く浅く，地下からの毛管水の供給は制限され，雨水の供給も阻害されがちであるため，最も出やすい障害が乾燥害となっている。この対策としては，

Column 24

堆肥のマルチ

樹木の根元に堆肥を厚くマルチすると，マルチ層に細根が密生するので，樹木の成長が改善されることがあるが，細根が表層に集中しすぎて根系が浅い状態となり，長期間降水がない場合に乾燥害を受けやすい。昔，千葉県の海岸砂丘で，植栽木に対する堆肥のマルチ効果試験を行ったことがある。堆肥が湿っている時は問題が生じなかったが，晴天が続き堆肥が乾いてくると，強い海風で堆肥がすべて飛ばされてしまったことがある。そこで，堆肥を敷きなおして大きな漁網を被せたところ，今度は風で飛ばされることはなかった。ただ，堆肥が乾きすぎると撥水作用を発揮して水を通さず，かえって乾燥害を助長することもありうることがわかった。堆肥層の撥水作用は，乾燥と低温のために落枝落葉の分解が進まず，有機物が厚く堆積した状態が，風が強い山頂付近の森林でも観察されている。

植桝を拡大する，道路建設時に舗装下の土壌を良好に保つ，デッキ設置などの踏圧防止対策をとる，などが挙げられる。

9.4 覆土障害

樹木の周辺に盛土を行い地形改変することがしばしばみられる。根元の上に覆土された樹木の大部分は細根の呼吸困難により次第に衰退し，枯死する場合が多い。枯死に至らなくても細根が表層に集中するために乾燥害に脆弱となる（図9-4）。昔，ある臨海コンビナート建設の際，大量の浚渫土砂や砂丘造成の際の余った土砂が既存のクロマツ林の林床に捨てられたことがある。その結果，大量のクロマツが枯死したが，わずか10 cmほどの厚さの覆土でも被害が発生したと聞いている。大規模な造成地ではどこでも多かれ少なかれ，このような被害が発生している。

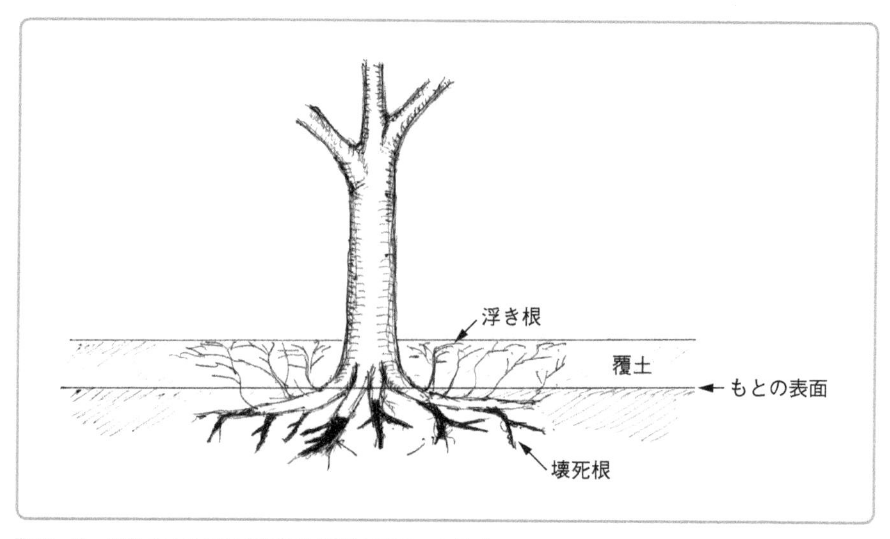

［図9-4］ **覆土による根系の壊死と細根の表層への集中**

9.5 土壌汚染害

1 土壌汚染の要因

土壌汚染は自然界でも生じることであるが，近年は人間の産業活動に起因する汚染が大きな社会問題となっている。生物にとって有害な物質が土壌に集積し，人体に悪影響を及ぼすものもある。このような物質は農作物や樹木の体内に吸収されてから生態学的な物質循環や食料として摂取され，動物や人体に蓄積される。これらの有害物質の表層土壌への集積を土壌汚染と呼んでいるが，人為的な土壌汚染は次のように大別することができる。

第一は大気汚染に由来する土壌の酸性化現象であって，この現象は古くからあり，銅やニッケルなどの硫黄含有鉱物の精錬に由来する亜硫酸ガスに起因している。亜硫酸ガスは雨水を酸性化し，あるいは直接亜硫酸ミスト（H_2SO_3）および硫酸ミスト（H_2SO_4）に変化し，酸性雨や酸性霧となって土壌を酸性化する。また，窒素酸化物（NO_x）も硫化物ほどではないが，土壌の酸性化を促進する。しかし，窒素酸化物は植物にとって肥料成分でもあるので，窒素酸化物による樹木の衰退は報告されていない。酸性雨や酸性霧による樹木の直接的な枯死被害はほとんど報告されていないが，土壌の酸性化によりアルミニウムが溶けだしてアルミニウムイオン（Al^{3+}）となって根に悪影響（主に伸長阻害）を与えることや，アルミニウムイオンがリン酸と結合してリン酸アルミニウム（水に不溶）となって植物根のリン酸吸収を阻害する。また大量の窒素酸化物供給により，他の肥料成分と比べて窒素が相対的に過剰となって風倒被害や病害虫被害が多発することが懸念されている。

第二は，太古に海底に堆積した土砂が隆起し，トンネル工事や地下鉄建設などにより掘削されて地表にまかれ，そのなかに含まれる硫化鉄，硫化水素などの硫黄成分が空気中の酸素と触れ合って硫酸となるものである。似たような現象は，海底浚渫土砂による臨海埋立地の土性が粘質な場所でも生じている。

$$H_2S\text{(硫化水素)} + 2O_2 \rightarrow H_2SO_4\text{(硫酸)}$$

第三にカドミウム，亜鉛，銅，クロムなどの重金属類を扱う工場．事業所，研究所などから排出されるものであり，時折問題となる。

2 土壌汚染と樹木の被害

(1) 土壌の酸性化

農地や植木畑では長期の生理的酸性肥料の施用による土壌の酸性化もみられる。生理的酸性肥料とは，肥料自体は中性であるが，肥料中の肥料成分が植物に吸収された後に残された物質が土壌を酸性化させる肥料である。生理的酸性肥料には硫酸アンモニウム（硫安$(NH_4)_2SO_4$），硫酸カリウム（硫酸カリK_2SO_4），塩化アンモニウム（塩安NH_4Cl），塩化カリウム（塩化カリKCl）などがある。土壌が酸性化すると，土壌粒子に吸着されていた各種の陽イオンが溶脱してしまうためにやせた土壌となってしまう。酸性化により遊離したアルミニウムイオンは根の生理活性を阻害し，リン酸と結びついてリン酸が不可給態となって植物のリン酸不足を招来する。

(2) 重金属類による被害

カドミウム（Cd），亜鉛（Zn），銅（Cu），クロム（Cr）などによる土壌汚染は時折，化学工場跡地の再開発で住宅団地や公園を造成したようなところで問題となっている。農作物では重金属の過剰吸収により人が食料として利用することができなくなってしまうことが問題となるが，緑地の樹木類に吸収された重金属の挙動は明らかにされていない。しかし，生態系の食物連鎖網を通じて長い目で見れば人間にも悪影響を与えるであろうと考えられている。

重金属類による土壌汚染は鉱工業の精錬に由来するものが多いが，化学工場跡地の土壌ではカドミウムやクロムの汚染も認められている。メッキ工場や皮革クロムなめし工場，化学薬品工場などの跡地土壌ではクロム濃度が高い。クロムは土壌中では難溶解性物質とされているが，土壌の酸性化に伴って可溶化し，根から吸収されて生育阻害を現すことが考えられる。一般に樹林地の土壌は農耕地や草地に比べて酸性であり，盛土したクロム汚染土壌の上に客土して樹林とした場合，大量の木質有機物に由来する有機酸によって土壌が次第に酸性化し，クロムが溶出すると考えられる。

重金属による土壌汚染は，このほか汚泥コンポストの緑農地への還元利用によって進む可能性が指摘されている。汚泥コンポストは重金属を含有していることがあり，特に初期の汚泥コンポストには重金属が多かった。しかし，近年は品質が著しく向上し，普通肥料として販売されている。育成対象が植木生産など農産物ではない場合は十分に利用が可能であろう。

(3) 土壌のアルカリ化

とり壊した建築物のコンクリートを再生利用した砕石で舗装した土地や街路樹の植栽桝内などの土壌の水素イオン濃度指数は，ときにpH 7以上のアルカリ性を呈していることがある。この原因の大部分はコンクリートから溶出される炭酸カルシウムによると考えられる。アルカリ反応の遅速は土性（粘土の質や量）や土壌中の腐植含量によって異なり，腐植の多い土壌ではアルカリ化の速度が遅い。また，埴土よりも砂土のほうがアルカリ化しやすい。

3 土壌汚染対策

工場跡地の環境緑地や郊外の雑木林などの樹林地では，農地と異なって土壌が汚染されていても食生活を通して人間の健康に及ぼす恐れは少なく，また土壌汚染による樹木への影響もほとんどないと考えられている。しかし，大量の酸性降下物が土壌の酸性化を促すようなことがあれば，土壌中の重金属をイオン化させる可能性がある。環境緑地や樹林地での改良方法としては，

- 土壌の酸性化の防止
- 重金属類の不活性化
- 覆土やシートの被覆

などがある。最初の2つは土壌中の重金属類を化学的に無害化しようとする改良法であり，カドミウム汚染地土壌では石灰施用による土壌改良が行われている。3つ目は物理的に汚染物質を遮断する方法で，最も一般的に行われている方法である。

汚染が面的な広がりをもっている場合，化学的抑制方法として最も有効な方法は，陽イオン交換容量の大きい良質な堆肥やモンモリロナイト，バーミキュライトのような粘土鉱物を土壌に混入して，重金属を不活化させる方法があり，環境緑地や樹林地でも実施可能な改良方法であり，また樹林地を維持し管理する方法としても有効である。酸性の程度があまり強くなければ堆肥類を施用し，土壌の緩衝能を大きくすることによって土壌酸性は緩和される。土壌の緩衝能は，通常，砂質土壌では小さく，埴質で腐植を含んで黒褐色を呈する土壌では大きい。

Chapter 10

環境保全のための土壌改良法

10.1 環境保全のための土壌改良の理念

環境緑地における土壌改良の目的は植栽する樹木の生育を健全なものとし，樹林・樹木のもつ環境保全機能を十全に発揮させることである。樹木の生育環境改善のために土壌を改良するにあたり，緑地を造成する段階の植栽前であれば，どのような改良方法も可能であるが，基本的には現在目の前にある土壌を最大限生かしながら植栽することを考えるほうがよい。そして，そのままの状態では樹木の健全な生育が困難と判断されるときは，さまざまな技法を凝らして樹木の健全な生育を可能とする状態にまで改善するのがよい。良質な土壌をどこかの畑や樹林からもってきて客土をするのは安易な方法であるが，自然，農地あるいは森林の破壊に通じるし，また客土に頼りすぎるのは筆者の考える「技術」ではない。植栽地を造るにあたって自然，農地，森林などを破壊するのは大きな矛盾である。

樹木にとって良好な土壌条件ではない場合，それを樹木の生育可能な状態にまで，堆肥施用やほかの技法を駆使して改善するのが技術者のとるべき道であろう。さらに，土壌改良資材を施用して改良する場合も，廃棄物となる有機資材を堆肥化したものを土壌に還元するほうが望ましい。人工的環境での緑化にあたっては可能な限り自然の素材を使うのがよいと考えている。

すでに樹木が存在して，その樹木の活力が低下している場合，その原因のほとんどは固結や過湿などの土壌物理性を不良である。土壌物理性が不良な場合，樹勢回復法として土壌改良が有効であるが，その際，根元を掘り上げて土壌を入れ替えたり，溝掘りして改良資材を投入したりなどの根系を傷めるような改良法は採用すべきではないと考えている。

10.2 公園，環境緑地，農耕地，ゴルフ場などにおける開設前の土壌改良法

一般的に水はけが極めて重視されるので，開設前に暗渠排水網を設置することが多い。近年は暗渠の資材として，プラスチック製の有孔管を使うことが多いが，竹・笹や剪定枝条を用いた粗朶（そだ）暗渠排水（図10-1）という方法が昔からある。

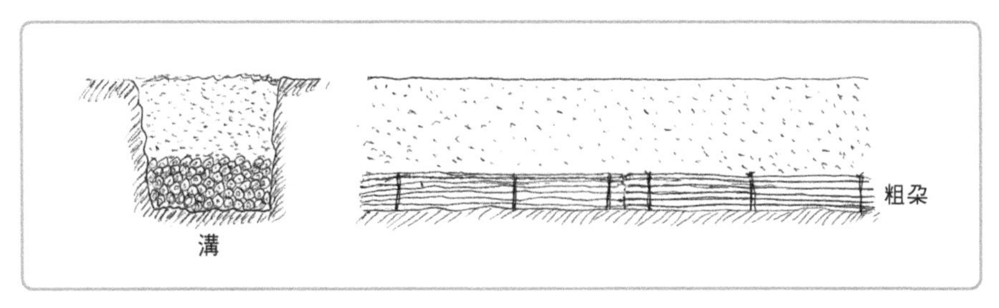

[図10-1]　**粗朶暗渠排水**

果樹の苗木は蛸壺（たこつぼ）方式といわれる方法で植えつけられることがあるが，この方法は排水性のよい土地では有効である。しかし，排水が不良な粘質な土壌では，植え穴に水が溜まって有機物が嫌気的な発酵をし，根腐れを起こしやすい。必ず排水性の改善（図10-2）を併用する必要がある。蛸壺方式では堆肥などの施用が重要であるが，一般の植栽地においても，植え穴の側面や底部に図10-3のような穴をあけておくと，植え穴底部の過

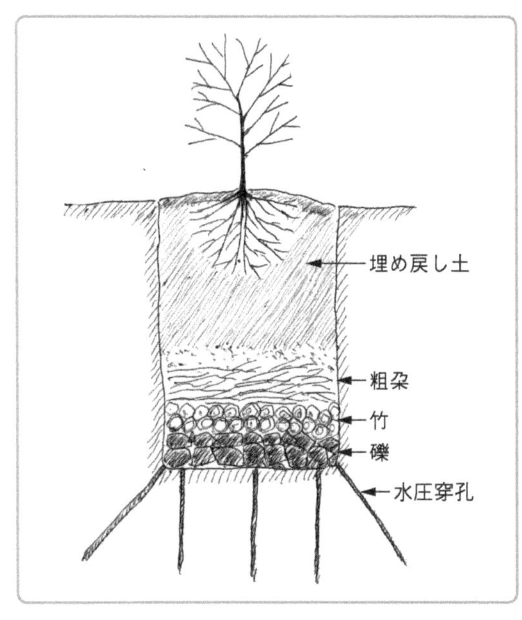

[図10-2]　**植栽地における蛸壺方式の排水性の改善**

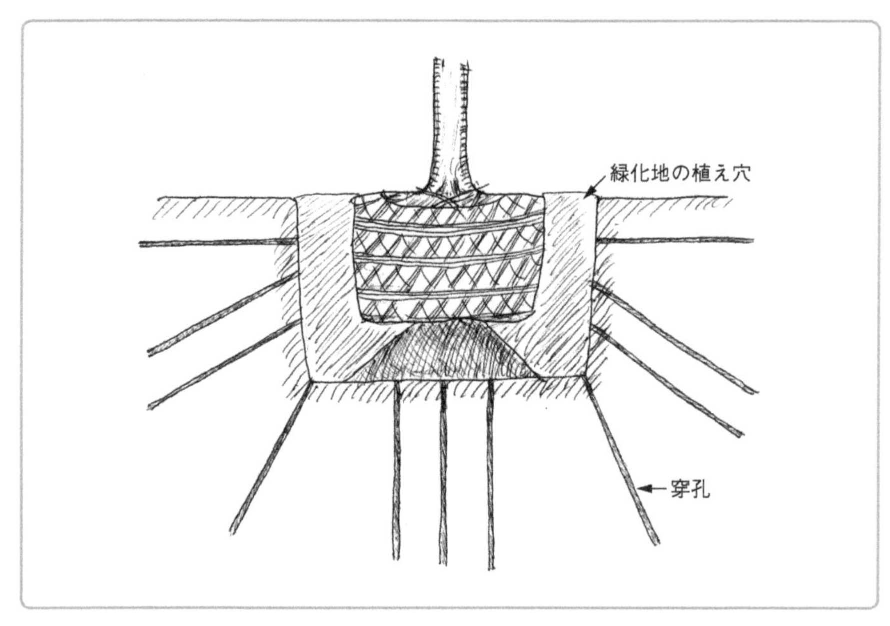

［図10-3］ **植え穴の側面や底部での穿孔**

湿状態を防ぎ，生育に効果的である。小さい穿孔の深さは任意であるが，深ければ深いほど効果が高い。穿孔に篠竹などを挿入しておくとさらに効果的である。

10.3 既存樹木がある場合の土壌改良法

老樹名木ばかりではなく，新規植栽木も樹勢の衰退をきたすことが頻繁にある。根や枝の切りすぎや拙劣な植付け技術で衰退することもあるが，多くの場合は植栽地土壌の通気透水性不良が原因となっている。そのような樹木の樹勢回復には通気透水性を改善させる土壌の改良が有効であるが，その際に根を切断するような方法は厳禁である。樹勢が低下した樹木はほとんどが養水分を吸収する細根をあらたに発生させることができない状態になっており，樹勢回復のために根元近くの土壌を耕耘する，溝を掘って改良資材を投入する，などの方法はかえって根系を傷めてしまい，結果的に樹勢を悪化させることが多い。

1 割竹挿入縦穴式土壌改良法

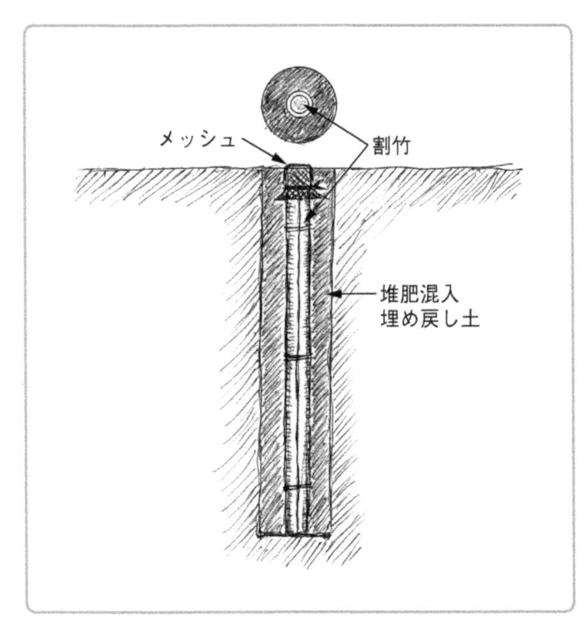

［図10−4］ 割竹挿入縦穴式土壌改良法

根元にごく近いところや太い根がありそうな場所は避けて行う。過去に根系切断のない木あるいは植栽してからかなり年月が経っている木は，おおむねドリップライン辺りで行うとよいといわれているが，根系はドリップラインよりもはるかに広く伸びていることが多いので，簡易の根系調査を行って根系の先端と思われる場所を判断し，その辺りに設定するのがよい。設置箇所数は任意であるが，1坪（約3.3 m^2）に1か所程度以上が目安である。

割竹挿入縦穴式土壌改良法はダブルスコップ（両口スコップ），ソイルオーガーなどであけた直径15 cmほど，深さ1 mほどの縦穴に直径5 cm前後の竹を長さ1 m程度に切って半割りした割竹を挿入し，隙間に堆肥を詰める（図10−4）。排水不良で土壌が過湿な場合は堆肥を使わずに礫を詰める。

2 水圧穿孔土壌改良法

根系をまったく傷めずに既存木の樹勢回復を図る方法として，土壌灌注機や土壌注入機を使った「水圧穿孔土壌改良法」がある（図10−5）。この方法は労力も少なくてすみ，使用機材も大がかりなものはなく，方法もいたって簡単であるが，筆者の経験では効果は極めて高い（図10-6，図10-7，図10-8）。土壌灌注機は果樹園等で使われる土壌消毒薬剤（たとえばナシ園やリンゴ園の白紋羽病対策として）を注入する機械である。

［図10-5］ **土壌灌注機**

図10-7について補足すると，地下水や宙水からの毛管水上昇によって地表近くまで細孔が水で満たされ，粗孔隙がほとんどなく土壌空気もほとんどない状態の場合，根系は深くまで伸びることができず，酸素のある地表近くを這うように伸びるだけであり，過湿害にも乾燥害にも極めて弱い状態となる。そこに垂直に深くまで穿孔すると，深い層にまで粗孔隙が生じて酸素が供給され，根系は盛んに呼吸をして深くまで伸びることができるようになる。深い層に達した根系は蒸散作用によって盛んに水分を吸収するようになり，土壌全体の過湿状態は徐々に改善される。

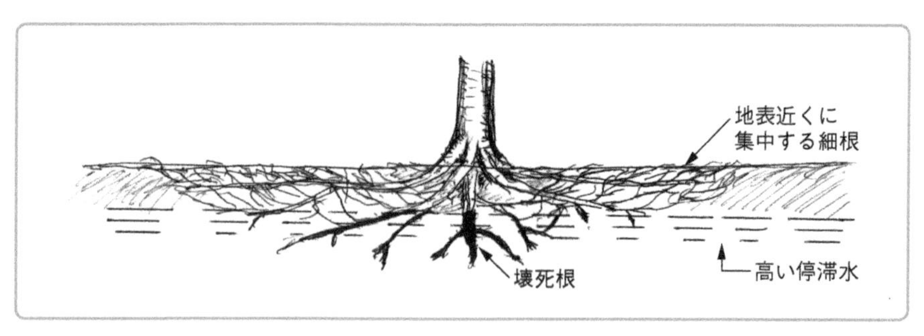

［図10-6］ **過湿な環境での根系衰退**

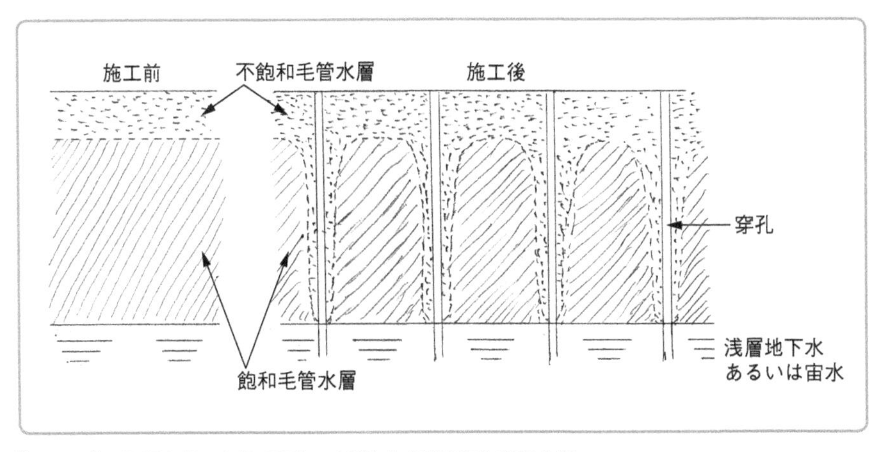

［図10-7］ **過湿土壌における穿孔により拡大する不飽和毛管水層**

不飽和毛管水層：粗孔隙はほぼすべて気相（土壌空気で満たされる）となり，細孔隙（毛管孔隙）の一部も気相となっている状態。

飽和毛管水層：粗孔隙が極めて少ない粘質な土壌で，細孔隙はほぼすべて液相（水で満たされる）となり，根系が呼吸できない状態。

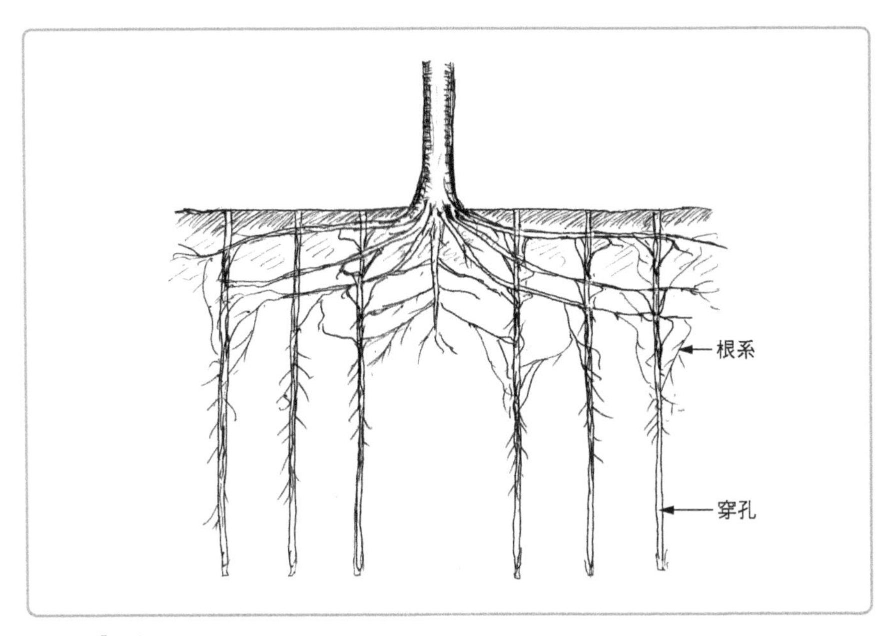

［図10-8］ **穿孔後の根系発達**

(1) 主な使用機材

- **土壌灌注機（土壌注入機）**：ナシ園，リンゴ園等で白紋羽病などの土壌病害が発生した場合の殺菌剤注入機材である。
- **コンプレッサー**：水圧20～50 kgf/cm^2（2～5 Mpa）対応
- **送水ホース**
- **水タンク**：ポリエチレン製。500～1,000 L程度（軽トラックや小型トラックに積載可能なもの。水タンクに水を入れての運転は重量制限に注意する）

(2) 実施時期

基本的にいつでも実施可能だが，寒冷地では土壌が凍結する季節を避けたほうがよく，寒冷地ではなくても植物が休眠状態の季節は効果が薄い。

(3) 手順

- 土壌殺菌剤注入用に使われる土壌灌注機の金属パイプについているストッパー兼踏み込みペダルを外し，土壌中に深さ80 cm程度まで穿孔できるようにする。
- ノズルの先端がねじ込み式の機種は，4方向水平噴射型から直線噴射型に付け替える。とり換え困難な機種はノズルの形の異なる2台が必要である。
- 土壌灌注機を垂直に土壌面に軽く押し当て，コンプレッサーで圧力を高めた水を土壌に注入し，その水圧で土中に小さな直径の穴を深くまで穿孔していく。
- この方法は根系を切断する可能性が極めて小さく，既存樹木のある場所での土壌通気性改善には最も安全である。
- しかし，1か所あたりの土壌改良効果は極めて小さいので，可能な限り多くの地点に実施することを推奨している。
- 1 m^{2}あたり4か所（50 cm × 50 cmに1か所）程度の実施例では，高い効果を得られている。
- 水圧穿孔法はコンプレッサーの能力をあまり高くしなくても（25～50 kgf/cm^{2}程度），簡単に深い穴をあけることができる。
- 土壌中に礫が混じっていてノズルに衝突しても，水を噴出させながらノズルを上下に動かしていると，礫が泳いで動きノズルをさらに深く挿入することができることがある。
- 直噴であけた穴に，ノズル先端を水平4方向噴射に付け替えてから土壌灌注機を挿入し，水平方向の水圧で穴を大きくする方法もある。

- 先端ノズルは，特に硬い土壌では摩耗が激しく消耗品なので，常に交換部品を用意する。
- 土壌灌注機のパイプ状ノズルを2本以上連結すれば，かなり深くまで（2本の場合は深さ1.6 m程度）穿孔できる。

(4) 付加的方法

- 通気透水性の効果を長持ちさせるには，穿孔した後の穴に細い篠竹を挿入する。
- 篠竹の種類はヤダケのような節のとび出ていない細いものが取扱いやすい。
- 篠竹は木槌等で節の部分を叩いて節を破壊しておくと，より効果的である。
- 水圧だけでは十分に穿孔できない固結した場所，石礫が多い場所などでは，長いビットを装着したコンクリートブレーカー（小型の削岩機）で破砕した後に水圧穿孔するとよい。
- やや大型のコンプレッサーを使って太いパイプとスクリュー式ノズルで，強い水圧（150～200 kgf/cm^{2}程度）で斜め前方に回転させながら噴射し，直径10 cm程度の穴をあける方法もあり，この機材であれば，土壌に少々の砂利や瓦礫が混じっていても穿孔可能である。
- 高い水圧で直径10 cm程度の大きな穴をあければ，マダケなどの太い割竹も挿入可能である。
- 水の代わりに薄い液肥（例：園芸用肥料ハイポネックス粉末は，通常であれば500倍に希釈して液肥とし，それを散布するが，さらに5～10倍，2,500～5,000倍に希釈する）を使ってもよい。
- 土壌伝染性の病気が疑われる場所では液肥を使用せず，真水を使うか，土壌殺菌剤を溶かした水を注入する。
- 液肥や殺菌剤を使用したときは使用後真水でノズルパイプ内を洗浄する。

[引用・参考文献]

以下に示す書籍のなかから実際に本書に引用・参考にしたのはごく一部であるが，著者の書棚にあって読者にとっても有益となるであろうと思う日本語の市販図書を紹介する。

- Allen, M. F. 著, 中坪孝之・堀越孝雄 訳 (1995) 菌根の生態学, 共立出版
- 青山正和 (2010) 土壌団粒—形成・崩壊のドラマと有機物利用—, 農山漁村文化協会
- 有馬朗人ほか (1990) 土, 東京大学出版会
- 浅海重夫 (1990) 土壌地理学—その基本概念と応用—, 古今書院
- Bal, P. 著, 新島溪子・八木久義 訳監修 (1992) 土壌動物による土壌の熟成, 博友社
- Berg, B.・C. McClaugherty著, 大園享司 訳 (2004) 森林生態系の落葉分解と腐植形成, シュプリンガー・フェアラーク東京
- Bolt, G. H.・M. G. M. Bruggenwert編著, 岩田進午ほか 訳 (1998) 土壌の化学 第4版, 学会出版センター
- Bridges, E. M. 著, 永塚鎮男・漆原和子 訳 (1990) 世界の土壌, 古今書院
- 千葉明ほか (1975) 畑土壌における堆厩肥の役割, 農業および園芸, 第50巻, 第10号
- 地団研地学事典編集委員会 編 (1973) 地学事典, 平凡社
- 大日本農会 編 (2008) 土壌資源の今日的役割と課題, 大日本農会
- 伊達昇 編 (1982) 新版肥料便覧, 農山漁村文化協会
- 伊達昇 編著 (1988) 便覧有機質肥料と微生物資材, 農山漁村文化協会
- 伊達昇・塩崎尚郎 (1997) 肥料便覧 第5版, 農山漁村文化協会
- 土壌物理学会 編 (2002) 新編土壌物理用語事典, 養賢堂
- 土壌物理研究会 編 (1976) 土壌物理用語事典—付データ集—, 養賢堂
- 土壌物理研究会 編 (1979) 土壌の物理性と植物生育, 養賢堂
- 土壌環境分析法編集委員会 編 (1997) 土壌環境分析法, 博友社
- Duchaufour, P. 著, 永塚鎮男・小野有五 訳 (1986) 世界土壌生態図鑑, 古今書院
- 江川友治ほか 監修 (1969) 土壌肥料新技術, 技報堂
- 江原薫ほか (1974) 園芸地・緑地におけるサンプリング, 講談社
- Foth, H. D. 著, 江川友治 監訳 (1992) 土壌・肥料学の基礎, 養賢堂
- 藤岡謙二郎 編 (1979) 最新地理学事典新訂版, 大明堂
- 藤川鉄馬 編著 (1998) 地球の土壌の劣化に立ち向かう—少しでもいい前に進みたい—, 大蔵省印刷局
- 藤田桂治 (1991) バーク堆肥の特性—その製法と施用法—. 日本バーク堆肥協会
- 藤原俊六朗ほか1998) 新版 土壌肥料用語辞典, 農山漁村文化協会
- 藤原俊六郎 (1997) 木質系有機物, 土の環境圏, フジテクノシステム
- 二井一禎・肘井直樹 編著 (2000) 森林微生物生態学, 朝倉書店
- ゲラーシモフI. P.・M. A. グラーゾフスカヤ著, 菅野一郎ほか 訳 (1960, 1962) 土壌地理学の基礎上下巻, 築地書院
- 生原喜久雄 (1982) スギ堆肥林分の栄養的均衡, 森林と肥培, No. 114, 日本林地肥培協会
- 橋元秀教 (1977) 有機物施用の理論と応用, 農山漁村文化協会
- 橋元秀教・松崎敏英 (1976) 有機物の利用, 農山漁村文化協会
- 服部勉・宮下清貴 (2000) 土の微生物学, 養賢堂
- Hillel, D. 著, 岩田進午・内嶋善兵衛 監訳 (2001) 環境土壌物理学—耕地生産力の向上と地球環境の保全 I ～III, 農林統計協会
- 平澤栄次 (2007) 図説生物学30講　植物編3　植物の栄養30講, 朝倉書店
- 肥料用語事典編集委員会 編 (1987) 改訂三版 肥料用語事典, 肥料協会新聞部
- 堀大才 (1999) 樹木医完全マニュアル, 牧野出版
- 堀大才・三戸久美子 (2003) 木質有機物の有効利用, 博友社
- 堀大才 編著 (2014) 樹木診断調査法, 講談社
- 堀大才 (2015) 絵でわかる樹木の育て方, 講談社
- 堀大才 編著 (2018) 樹木学事典, 講談社
- 堀越孝雄・二井一禎 (2003) 土壌微生物生態学, 朝倉書店
- 犬伏和之・安西徹郎編 (2001) 土壌学概論, 朝倉書店
- 石橋信義 編 (2003) 線虫の生物学, 東京大学出版会
- 岩生周一ほか 編 (1985) 粘土の事典, 朝倉書店
- 樹木生態研究会 編 (2011) 樹からの報告—技術報告集—, 樹木生態研究会
- 甲斐秀昭・橋元秀教 (1976) 土壌腐植と有機物, 農山漁村文化協会
- 河田弘 (1971) バーク (樹皮) 堆肥—製造・利用の理論と実際—, 博友社
- 河田弘 (2000) 森林土壌学概論, 博友社
- 氣賀澤和男 編 (2000) 原色土壌害虫, 全国農村教育協会
- 駒田旦 監修 (1998) 改訂版土壌病害の発生生態と防除, タキイ種苗
- 金野隆光ほか (1976) 土つくりの原理, 農山漁村文化協会
- 木村真人・波多野隆介 編 (2005) 土壌圏と地球温暖化, 名古屋大学出版会
- 木村敏雄ほか 編 (1973) 新版地学辞典〔第3巻〕—地質学・地形学・古生物学・土壌学—, 古今書院
- Kroon, H. de・E. J. W. Visser編, 森田茂紀・田島亮介 監訳 (2008) 根の生態学, シュプリンガー・ジャパン
- 熊田恭一 (1977) 土壌有機物の化学, 東京大学出版会
- 久馬一剛ほか 編 (1993) 土壌の事典, 朝倉書店

- 久馬一剛 (1997) 最新土壌学, 朝倉書店
- Larcher, W. 著, 佐伯敏郎・舘野正樹 監訳 (2004) 植物生態生理学 第2版, シュプリンガー・フェアラーク東京
- 町田貞ほか 編 (1981) 地形学事典, 二宮書店
- 松井健 (1988) 土壌地理学序説, 築地書館
- 松本聰・三枝正彦 編 (1998) 植物生産学 (II) —土壌技術編—, 文永堂出版
- 松中照夫 (2003) 土壌学の基礎—生成・機能・肥沃度・環境—, 農山漁村文化協会
- 松尾嘉郎・奥薗壽子 (1990) 絵とき地球環境を土からみると, 農山漁村文化協会
- 松尾嘉郎・奥薗壽子 (1990) 絵とき人の命を支える土, 農山漁村文化協会
- 松坂泰明・栗原淳 監修 (1994) 土壌・植物栄養・環境事典, 博友社
- 松崎敏英 (1992) 土と堆肥と有機物, 家の光協会
- 三木幸蔵・古谷正和 (1983) 土木技術者のための岩石・岩盤図鑑, 鹿島出版会
- 三好洋・丹原一寛 (1977) 土の物理性と土壌診断, 日本イリゲーションクラブ
- 森田茂紀 (2000) 根の発育学, 東京大学出版会
- 村山登ほか (1990) 作物栄養・肥料学 第5版, 文永堂出版
- 永塚鎭男・大羽裕 (1988) 土壌生成分類学, 養賢堂
- 中村道徳 編 (1980) 生物窒素固定, 学会出版センター
- 中野政詩 (1991) 土の物質移動学, 東京大学出版会
- 中野政詩ほか (1995) 土壌物理環境測定法, 東京大学出版会
- 根の事典編集委員会 編 (1998) 根の事典, 朝倉書店
- 日本土壌微生物学会 編 (1996～2000) 新・土の微生物 (1)～(5), 博友社
- 日本土壌肥料学会 編 (1981) 土壌の吸着現象—基礎と応用—, 博友社
- 日本土壌肥料学会 編 (1998) 土と食糧, 朝倉書店
- 日本ペドロジー学会 編 (1997) 土壌調査ハンドブック改訂版, 博友社
- 日本緑化センター 編 (1987) 緑化地の土壌改良, 日本緑化センター
- 日本緑化センター 編 (1995) 樹木診断法—土壌編—, 日本緑化センター
- 日本緑化センター 編 (1996) 新・樹木医の手引き, 日本緑化センター
- 日本林業技術協会 編 (1990) 土の100不思議, 東京書籍
- 仁王以智夫ほか (1994) 土壌生化学, 朝倉書店
- 西尾道徳 (1989) 土壌微生物の基礎知識, 農山漁村文化協会
- 西尾道徳・大畑寛一 編 (1998) 農業環境を守る微生物利用技術, 家の光協会
- 西尾道徳 (2007) 堆肥・有機質肥料の基礎知識, 農山漁村文化協会
- 西澤務 監修 (1994) 土壌線虫の話, タキイ種苗
- 農山漁村文化協会 編 (1974) 有機質肥料のつくり方使い方, 農山漁村文化協会
- 小川真 (1980) 菌を通して森をみる—森林の微生物生態学入門—, 創文
- 小川真 (1987) 作物と土をつなぐ共生微生物—菌根の生態学—, 農山漁村文化協会
- 小川吉雄 (2000) 地下水の硝酸汚染と農法転換—流出機構の解析と窒素循環の再生—, 農山漁村文化協会
- 大久保雅弘・藤田至則 編著 (1996) 地学ハンドブック 第6版, 築地書館
- 大政正隆 (1983) 森に学ぶ, 東京大学出版会
- 林野庁 監修,「日本の森林土壌」編集委員会 編 (1983) 日本の森林土壌, 日本林業技術協会
- 佐橋憲生 (2004) 菌類の森, 東海大学出版会
- 「新版土壌病害の手引」編集委員会 (1984) 新版土壌病害の手引, 日本植物防疫協会
- 森林土壌研究会 編 (1982) 森林土壌の調べ方とその性質, 林野弘済会
- 森林立地調査法編集委員会 編 (1999) 森林立地調査法—森の環境を測る—, 博友社
- 森林総合研究所 (1975) 林野土壌分類, 森林総合研究所
- 森林水資源問題検討委員会 編 (1991) 森林と水資源, 日本治山治水協会
- 森林水文学編集委員会 編 (2007) 森林水文学—森林の水のゆくえを科学する—, 森北出版
- 菅野一郎 編 (1962) 日本の土壌型, 農山漁村文化協会
- 高井康雄ほか編 (1976) 植物栄養土壌肥料大事典. 養賢堂
- 武田健 (2002) 新しい土壌診断と施肥設計—畜産堆肥で高品質持続的農業—, 農山漁村文化協会
- 塚本良則 編 (1992) 森林水文学, 文永堂出版
- 都留信也 (1976) 土壌の微生物, 農山漁村文化協会
- 八木博 (1983) 新版 図解 土壌検定と肥料試験—付・水質汚染物質の検定法—博友社
- 八木久義 (1994) 熱帯の土壌—その保全と再生を目的として—, 国際緑化推進センター
- 山田龍雄ほか (1976) 地力とは何か, 農山漁村文化協会
- 山口考一・小林康男 (1997) 土の環境圏, フジテクノシステム
- 山根一郎ほか (1978) 図説日本の土壌, 朝倉書店
- 山内章編 (1996) 植物根系の理想型, 博友社
- 山崎耕宇ほか (1993) 植物栄養・肥料学, 朝倉書店
- 安田環・越野正義 編 (2001) 環境保全と新しい施肥技術, 養賢堂
- 横井利直 (1994) 土壌—土壌のみかた考え方—改訂2版, 東京農業大学
- 有機性汚泥の緑農地利用編集委員会 編 (1991) 有機性汚泥の緑農地利用, 博友社
- 和達清夫 監修 (1986) 新版気象の事典, 東京堂出版
- 渡辺弘之 監修 (1973) 土壌動物の生態と観察, 築地書館
- 渡辺巌 (1971) 農業と土壌微生物, 農山漁村文化協会
- 渡辺和彦 監修 (1999) 野菜の要素欠乏と過剰症, タキイ種苗
- 渡邊恒雄 (1998) 植物土壌病害の事典, 朝倉書店

Index

【さ行】

【た行】

【な行】

【は行】

【ま行】

【や行】

【ら・わ行】

【欧文】

著者紹介

堀　大才

1970年　日本大学農獣医学部林学科卒業
現　在　NPO法人 樹木生態研究会 最高顧問

NDC 653　175 p　21cm

樹木土壌学の基礎知識

2021年7月9日　第1刷発行
2022年2月16日　第2刷発行

著　者　堀　大才
発行者　髙橋明男
発行所　株式会社　講談社
〒112-8001　東京都文京区音羽2-12-21
販　売　(03)5395-4415
業　務　(03)5395-3615

KODANSHA

編　集　株式会社　講談社サイエンティフィク
代表　堀越俊一
〒162-0825　東京都新宿区神楽坂2-14　ノービィビル
編　集　(03)3235-3701

本文データ制作　有限会社グランドグルーヴ
カバー・表紙印刷　豊国印刷株式会社
本文印刷・製本　株式会社講談社

落丁本・乱丁本は，購入書店名を明記のうえ，講談社業務宛にお送りください．送料小社負担にてお取替えします．なお，この本の内容についてのお問い合わせは講談社サイエンティフィク宛にお願いいたします．
定価はカバーに表示してあります．

ISBN978-4-06-524384-8